니시오 테츠야가 만든 로직

28 니시오 테츠야가 만든 로직

ⓒ 박은정, 2009

초판 1쇄 발행일 | 2009년 7월 10일
초판 7쇄 발행일 | 2020년 9월 4일

지은이 | 박은정
펴낸이 | 정은영
펴낸곳 | (주)자음과모음

출판등록 | 2001년 11월 28일 제2001-000259호
주   소 | 04047 서울시 마포구 양화로6길 49
전   화 | 편집부 (02)324-2347, 경영지원부 (02)325-6047
팩   스 | 편집부 (02)324-2348, 경영지원부 (02)2648-1311
e-mail | jamoteen@jamobook.com

ISBN 978-89-544-1668-9 (04410)

천재들이 만든

수학퍼즐

28 니시오 테츠야가 만든 로직

박은정(M&G 영재수학연구소) 지음

㈜자음과모음

수학에 대한 막연한 공포를 단번에
날려 버리는 획기적 수학 퍼즐 책!

추천사를 부탁받고 처음 원고를 펼쳤을 때, 저도 모르게 탄성을 질렀습니다. 언젠가 제가 한번 써 보고 싶던 내용이었기 때문입니다. 예전에 저에게도 출판사에서 비슷한 성격의 책을 써 볼 것을 권유한 적이 있었는데, 재미있겠다 싶었지만 시간이 없어서 거절해야만 했습니다.

생각해 보면 시간도 시간이지만 이렇게 많은 분량을 쓰는 것부터가 벅찬 일이었던 것 같습니다. 저는 한 권 정도의 분량이면 이와 같은 내용을 다룰 수 있을 거라 생각했는데, 이번 책의 원고를 읽어 보고 참 순진한 생각이었음을 알았습니다.

저는 지금까지 수학을 공부해 왔고, 또 앞으로도 계속 수학을 공부할 사람으로서, 수학이 대단히 재미있고 매력적인 학문이라 생각합니다만, 대부분의 사람들은 수학을 두려워하며 두 번 다시 보고 싶지 않은 과목으로 생각합니다. 수학이 분명 공부하기에 쉬운 과목은 아니지만, 다른 과목에 비해 '끔찍한 과목'으로 취급받는 이유가 뭘까요? 제 생각으로는 '막연한 공포' 때문이 아닐까 싶습니다.

무슨 뜻인지 알 수 없는 이상한 기호들, 한 줄 한 줄 따라가기에도 벅찰 만큼 어지럽게 쏟아져 나오는 수식들, 그리고 다른 생각을 허용하지 않는 꽉 짜여진 '모범 답안'이 수학을 공부하는 학생들을 옥죄는 요인일 것입니다.

알고 보면 수학의 각종 기호는 편의를 위한 것인데, 그 뜻을 모른 채 무작정 외우려다 보니 더욱 악순환에 빠지는 것 같습니다. 첫 단추만 잘 끼우면 수학은 결코 공포의 대상이 되지 않을 텐데 말입니다.

제 자신이 수학을 공부하고, 또 가르쳐 본 사람으로서, 이런 공포감을 줄이는 방법이 무엇일까 생각해 보곤 했습니다. 그 가운데 하나가 '친숙한 상황에서 제시되는, 호기심을 끄는 문제'가 아닐까 싶습니다. 바로 '수학 퍼즐'이라 불리는 분야입니다.

요즘은 수학 퍼즐과 관련된 책이 대단히 많이 나와 있지만, 제가 《재미있는 영재들의 수학퍼즐》을 쓸 때만 해도, 시중에 일반적인 '퍼즐 책'은 많아도 '수학 퍼즐 책'은 그리 많지 않았습니다. 또 '수학 퍼즐'과 '난센스 퍼즐'이 구별되지 않은 채 마구잡이로 뒤섞인 책들도 많았습니다.

그래서 제가 책을 쓸 때 목표로 했던 것은 비교적 수준 높은 퍼즐들을 많이 소개하고 정확한 풀이를 제시하자는 것이었습니다. 목표가 다소 높았다는 생각도 듭니다만, 생각보다 많은 분들이 찾아 주어 보통 사람들이 '수학 퍼즐'을 어떻게 생각하는지 알 수 있는 좋은 기회가 되기도 했습니다.

문제와 풀이 위주의 수학 퍼즐 책이 큰 거부감 없이 '수학을 즐기는 방법'을 보여 주었다면, 그 다음 단계는 수학 퍼즐을 이용하여 '수학을 공부하는 방법'이 아닐까 싶습니다. 제가 써 보고 싶었던, 그리고 출판사에서 저에게 권유했던 것이 바로 이것이었습니다.

수학에 대한 두려움을 없애 주면서 수학의 기초 개념들을 퍼즐을 이용해 이해할 수 있다면, 이것이야말로 수학 공부의 첫 단추를 제대로 잘 끼웠다고 할 수 있지 않을까요? 게다가 수학 퍼즐을 풀면서 느끼는 흥미는, 이해도 못한 채 잘 짜인 모범 답안을 달달 외우는 것과는 전혀 다른 즐거움을 줍니다. 이런 식으로 수학에 대한 두려움을 없앤다면 당연히 더 높은 수준의 수학을 공부할 때도 큰 도움이 될 것입니다.

그러나 이런 이해가 단편적인 데에서 그친다면 그 한계 또한 명확해질 것입니다. 다행히 이 책은 단순한 개념 이해에 그치지 않고 교과 과정과 연계하여 학습할 수 있도록 구성되어 있습니다. 이 과정에서 퍼즐을 통해 배운 개념을 더 발전적으로 이해하고 적용할 수 있어 첫 단추만이 아니라 두 번째, 세 번째 단추까지 제대로 끼울 수 있도록 편집되었습니다. 이것이 바로 이 책이 지닌 큰 장점이자 세심한 배려입니다. 그러다 보니 수학 퍼즐이 아니라 약간은 무미건조한 '진짜 수학 문제'도 없지는 않습니다. 그러나 수학을 공부하기 위해 반드시 거쳐야

하는 단계라고 생각하세요. 재미있는 퍼즐을 위한 중간 단계 정도로 생각하는 것도 괜찮을 것 같습니다.

수학을 두려워하지 말고, 이 책을 보면서 '교과서의 수학은 약간 재미없게 만든 수학 퍼즐'일 뿐이라고 생각하세요. 하나의 문제를 풀기 위해 요모조모 생각해 보고, 번뜩 떠오르는 아이디어에 스스로 감탄도 해 보고, 정답을 맞히는 쾌감도 느끼다 보면 언젠가 무미건조하고 엄격해 보이는 수학 속에 숨어 있는 아름다움을 음미하게 될 것입니다.

고등과학원 연구원

박 부 성

영재교육원에서 실제 수업을 받는 듯한
놀이식 퍼즐 학습 교과서!

《천재들이 만든 수학퍼즐》은 '우리 아이도 영재 교육을 받을 수 없을까?' 하고 고민하는 학부모들의 답답한 마음을 시원하게 풀어 줄 수학 시리즈물입니다.

이제 강남뿐 아니라 우리 주변 어디에서든 대한민국 어머니들의 불타는 교육열을 강하게 느낄 수 있습니다. TV 드라마에서 강남의 교육을 소재로 한 드라마가 등장할 정도니 말입니다.

그러나 이러한 불타는 교육열을 충족시키는 것은 그리 쉬운 일이 아닙니다. 서점에 나가 보면 유사한 스타일의 문제를 담고 있는 도서와 문제집이 다양하게 출간되어 있지만 전문가들조차 어느 책이 우리 아이에게 도움이 될 만한 좋은 책인지 구별하기가 쉽지 않습니다. 이렇게 천편일률적인 책을 읽고 공부한 아이들은 결국 판에 박힌 듯 똑같은 것만을 익히게 됩니다.

많은 학부모들이 '최근 영재 교육 열풍이라는데……' '우리 아이도 영재 교육을 받을 수 없을까?' '혹시…… 우리 아이가 영재는 아닐

까?'라고 생각하면서도, '우리 아이도 가정 형편만 좋았더라면……'
'우리 아이도 영재교육원에 들어갈 수만 있다면……'이라고 아쉬움
을 토로하는 것이 현실입니다.

현재 우리나라 실정에서 영재 교육은 극소수의 학생만이 받을 수
있는 특권적인 교육 과정이 되어 버렸습니다. 그래서 더더욱 영재 교
육에 대한 열망은 높아집니다. 특권적 교육 과정이라고 표현했지만,
이는 부정적 표현이 아닙니다. 대단히 중요하고 훌륭한 교육 과정이
지만, 많은 학생들에게 그 기회가 돌아가기 힘들다는 단점을 지적했
을 뿐입니다.

이번에 이러한 학부모들의 열망을 실현시켜 줄 수학책《천재들이
만든 수학퍼즐》시리즈가 출간되어 장안의 화제가 되고 있습니다.《천
재들이 만든 수학퍼즐》은 영재 교육의 커리큘럼에서 다루는 주제를
가지고 수학의 원리와 개념을 친절하게 설명하고 있어 책을 읽는 동
안 마치 영재교육원에서 실제로 수업을 받는 느낌을 가지게 될 것입
니다.

단순한 문제 풀이가 아니라 하나의 개념을 여러 관점에서 풀 수 있
는 사고력의 확장을 유도해서 다양한 사고방식과 창의력을 키워 주는
것이 이 시리즈의 장점입니다.

여기서 끝나지 않습니다.《천재들이 만든 수학퍼즐》은 제목에서 나
타나듯 천재들이 만든 완성도 높은 문제 108개를 함께 다루고 있습니

다. 이 문제는 초급·중급·고급 각각 36문항씩 구성되어 있는데, 하나같이 본편에서 익힌 수학적인 개념을 자기 것으로 충분히 소화할 수 있도록 엄선한 수준 높고 다양한 문제들입니다.

수학이라는 학문은 아무리 이해하기 쉽게 설명해도 스스로 풀어 보지 않으면 자기 것으로 만들 수 없습니다. 상당수 학생들이 문제를 풀어 보는 단계에서 지루함을 못 이겨 수학을 쉽게 포기해 버리곤 합니다. 하지만 《천재들이 만든 수학퍼즐》은 기존 문제집과 달리 딱딱한 내용을 단순 반복하는 방식을 탈피하고, 빨리 다음 문제를 풀어 보고 싶게끔 흥미를 유발하여, 스스로 문제를 풀고 싶은 생각이 저절로 들게 합니다.

문제집이 퍼즐과 같은 형식으로 재미만 추구하다 보면 핵심 내용을 빠뜨리기 쉬운데 《천재들이 만든 수학퍼즐》은 흥미를 이끌면서도 가장 중요한 원리와 개념을 빠뜨리지 않고 전달하고 있습니다. 이것이 다른 수학 도서에서는 볼 수 없는 이 시리즈만의 미덕입니다.

초등학교 5학년에서 중학교 1학년까지의 학생이 머리는 좋은데 질 좋은 사교육을 받을 기회가 없어 재능을 계발하지 못한다고 생각한다면 바로 지금 이 책을 읽어 볼 것을 권합니다.

메가스터디 엠베스트 학습전략팀장

최 남 숙

머 리 말

핵심 주제를 완벽히 이해시키는
주제 학습형 교재!

영재 수학 교육을 받기 위해 선발된 학생들을 만나는 자리에서, 또는 영재 수학을 가르치는 선생님들과 공부하는 자리에서 제가 생각하고 있는 수학의 개념과 원리 그리고 수학 속에 담긴 철학에 대한 흥미로운 이야기를 소개하곤 합니다. 그럴 때면 대부분의 사람들은 반짝이는 눈빛으로 저에게 묻곤 합니다.

"아니, 우리가 단순히 암기해서 기계적으로 계산했던 수학 공식들 속에 그런 의미가 있었단 말이에요?"

위와 같은 질문은 그동안 수학 공부를 무의미하게 했거나, 수학 문제를 푸는 기술만을 습득하기 위해 기능공처럼 반복 훈련에만 매달렸다는 것을 의미합니다.

이 같은 반복 훈련으로 인해 초등학교 저학년 때까지는 수학을 좋아하다가도 학년이 올라갈수록 수학에 싫증을 느끼게 되는 경우가 많습니다. 심지어 많은 수의 학생들이 수학을 포기한다는 어느 고등학교 수학 선생님의 말씀은 이런 현상을 반영하는 듯하여 씁쓸한 기분마저 들게 합니다. 더군다나 학창 시절에 수학 공부를 잘해서 높은 점수를 받았던 사람들도 사회에 나와서는 그렇게 어려운 수학을 왜 배웠는지 모르겠다고 말하는 것을 들을 때면 씁쓸했던 기분은 좌절감으로 변해 버리곤 합니다.

수학의 역사를 살펴보면, 수학은 인간의 생활에서 절실히 필요했기 때문에 탄생했고, 이것이 발전하여 우리의 생활과 문화가 더욱 윤택해진 것을 알 수 있습니다. 그런데 왜 현재의 수학은 실생활과는 별로 상관없는 학문으로 변질되었을까요?

교과서에서 배우는 수학은 $\frac{1}{2} \div \frac{2}{3} = \frac{1}{2} \times \frac{3}{2} = \frac{3}{4}$의 수학 문제처럼 '정답은 얼마입니까?'에 초점을 맞추고 답이 맞았는지 틀렸는지에만 관심을 둡니다.

그러나 우리가 초점을 맞추어야 할 부분은 분수의 나눗셈에서 나누는 수를 왜 역수로 곱하는지에 대한 것들입니다. 학생들은 선생님들이 가르쳐 주는 과정을 단순히 받아들이기보다는 끊임없이 궁금증을 가져야 하고 선생님은 학생들의 질문에 그들이 충분히 이해할 수 있도록 설명해야 할 의무가 있습니다. 그러기 위해서는 수학의 유형별 풀이 방법보다는 원리와 개념에 더 많은 주의를 기울여야 하고 또한 이를 바탕으로 문제 해결력을 기르기 위해 노력해야 할 것입니다.

앞으로 전개될 영재 수학의 내용은 수학의 한 주제에 대한 주제 학습이 주류를 이룰 것이며, 이것이 올바른 방향이라고 생각합니다. 따라서 이 책도 하나의 학습 주제를 완벽하게 이해할 수 있도록 주제 학습형 교재로 설계하였습니다.

끝으로 이 책을 출간할 수 있도록 배려하고 격려해 주신 (주)자음과모음의 강병철 사장님께 감사드리고, 기획실과 편집부 여러분들께도 감사드립니다.

2009년 7월 M&G 영재수학연구소

홍선호

차 례

A 주제 설정의 취지 및 장점

숫자가 생긴 이래로 숫자 퍼즐은 우리에게 큰 즐거움과 도전의식을 불러 일으킵니다. 숫자라면 질색하는 사람이라도 퍼즐이라고 하면 한 번은 고개를 돌려 보지요. 숫자 퍼즐로는 스도쿠와 로직이 가장 많은 인기를 얻고 있는데, 로직은 스도쿠보다 더 창의적이며 미적인 만족감도 준다는 데서 더 큰 점수를 줄 수 있습니다.

숫자 퍼즐을 풀다 보면 나도 모르는 사이에 얻게 되는 효과가 많이 있습니다.

먼저, 숫자 퍼즐을 푸는 것은 간편하면서도 앞뒤 관계를 생각하는 데에 큰 도움이 됩니다. 즉, 논리적인 생각을 많이 할 수 있도록 도와주지요. 무턱대고 찍어서 풀려고 하면 대부분 잘 풀리지 않습니다. 숫자 퍼즐을 풀 때는 근거를 두고 추리하여 해결해 나가야 합니다. 퍼즐을 푸는 동안 논리적으로 사고하고 추리하는 방법을 연습할 수 있습니다.

또한, 숫자와 친해질 수 있습니다. 머리 아프게만 느껴지는 숫자에 즐겁게 다가감으로써 나도 모르는 사이에 숫자에 친근함을 느낄 것입니다. 문제를 푸는 사이에 간단한 연산 능력이 늘고 숫자들의 관계를 터득해 나감으로써 숫자의 특성을 저절로 배울 수 있습니다.

퍼즐이 주는 장점으로 도전의식과 성취감을 빼놓을 수 없지요. 기본적인 퍼즐을 완성했다고 해서 바로 만족하는 사람은 거의 없습니다. 더욱더 복잡하고 해결하기 어려운 것을 찾아 또다시 도전하게 되지요. 그리고 복잡한 수학 문제를 해결했을 때나 힘든 산 위의 정상에 도달했을 때처럼 도전한 퍼즐을 해결하고 난 성취감은 이루 말할 수 없습니다.

그리고 제일 중요한 효과는 집중력을 기를 수 있다는 것입니다. 요즘 아이들은 흥미로운 것이 너무 많아서 산만하고, 항상 시작은 하지만 끝을 맺지 못하는데, 로직은 한 주제를 해결할 때까지 집중하는 연습을 할 수 있게 해 줄 것입니다. 로직 덕분에 생긴 집중력이 책을 읽을 때, 숙제를 해결할 때, 어떤 문제를 해결할 때 등 다른 분야로 확대된다면 가장 이상적인 모습이 될 것입니다.

B 교과 과정과의 연계

구분	과목명	학년	단원	연계되는 수학적 개념 및 원리
초등학교	수학	4-가	문제 푸는 방법 찾기	• 규칙 찾기
		4-가	혼합계산	• 자연수의 사칙 계산
		5-가	문제 푸는 방법 찾기	• 여러 가지 방법으로 문제를 풀고, 문제 푸는 방법 비교하기
		6-가	수의 범위	• 이상과 이하, 초과와 미만
		6-나	경우의 수	• 경우의 수
중학교	재량활동	공통	논리	• 관계를 생각하여 문제 해결하기
	특별활동	공통	창의력 신장	• 창의적으로 문제 해결하고 만들기

C 이 책에서 배울 수 있는 수학적 원리와 개념

1. 사칙 연산의 원리를 알 수 있습니다.

2. 몇 가지 경우를 보고 전체에 적용되는 규칙을 찾을 수 있습니다.

3. 문제에 맞게 수의 범위를 정하고, 빠짐없이 경우의 수를 헤아리는
   방법을 알 수 있습니다.

4. 문제를 거꾸로 생각하여 해결하거나, 새로운 규칙을 찾아 해결하는 방법을 발견할 수 있습니다.

5. 문제의 답을 예상하고 확인하는 과정을 거치면서 로직의 해결 방법을 익힐 수 있습니다.

6. 숫자들의 관계를 생각하여 문제를 해결하고 다른 문제를 창의적으로 만들어 볼 수 있습니다.

D 각 교시별로 소개되는 수학적 내용

1교시_ 로직 만나기
로직은 누가, 어떻게 만들어서 지금과 같은 인기를 얻게 되었을까요? 로직을 만든 사람을 알아보고 여러 나라에서 사용하는 로직의 또 다른 이름도 알아봅시다.

2교시_ 숫자 퍼즐로 걸음마 하기
쉽고 기초적인 숫자 퍼즐로 가로, 세로 관계를 생각하여 문제를 푸는 방법을 익힐 수 있습니다. 숫자만 보고 어느 칸에 과자가 들어 있고, 어느 칸은 비어 있는지 뚜껑을 열지 않고 찾아내어 봅시다.

3교시 _ 쉬운 로직으로 규칙 익히기

4×4, 5×5 크기의 쉬운 문제로, 로직을 풀 때 지켜야 하는 규칙과 숫자들을 통해 알아낼 수 있는 것은 무엇인지 확인하고 규칙을 익힐 수 있습니다. 로직 문제 속에 숨어 있는 알파벳이 무엇인지 찾아봅시다.

4교시 _ 기본 로직으로 요령 익히기

10×10 크기의 기본 문제로, 로직을 잘 해결하기 위해서 사용하면 좋은 전략을 익힐 수 있습니다. 문제를 다른 사람보다 더 빨리 해결하는 요령을 찾아봅시다.

5교시 _ 복잡한 로직 정복하기

15×15 크기 이상의 복잡한 로직을 해결할 때는 생각하는 과정이 어떠한지 살펴봅니다. 앞뒤 관계와 작은 숫자 하나라도 놓치지 않고 논리적으로 생각하는 능력을 기르며, 큰 로직을 풀 때 필요한 추가 전략을 배워 더 큰 로직을 도전하는 성취감을 맛볼 수 있습니다.

6교시 _ 가정하여 풀기

로직의 기본 전략인 가로, 세로 숫자 힌트의 공통부분을 찾는 방법으로 해결되지 않는 문제를 살펴봅니다. 짐작하여 해결하지 않고, 오류를 통해 결론을 내리는 과학적인 방법을 소개하였습니다.

7교시 _ 컬러 로직 도전하기

로직에는 여러 가지 색이 포함된 컬러 로직이 있습니다. 흑백 로직과 다른 컬러 로직만의 규칙을 살펴보고, 해결하는 요령을 익힐 수 있습니다.

8교시 _ 나만의 로직 만들기

이미 만들어진 로직을 푸는 것에서 그치지 않고 새로운 아이디어로 로직을 스스로 만들 수 있는 과정을 소개하였습니다. 나만의 로직을 만들어 친구들과 바꾸어 풀어 봅시다.

E 이 책의 활용 방법

E-1. 《니시오 테츠야가 만든 로직》의 활용

1. 가로, 세로 숫자 힌트가 가리키는 의미와 로직의 규칙이 무엇인지 알아봅니다.

2. 문제를 해결하기 위한 전략을 살펴보고, 해결하는 동안 이루어지는 생각의 과정을 살펴봄으로써 문제를 해결하는 방법을 익힐 수 있습니다.

3. 숫자 퍼즐을 풀 때는 대강 짐작하여 끼워 맞추지 말고 정확하고 논리적으로 생각하도록 노력해야 합니다.

4. 숫자의 앞뒤 관계를 잘 파악해야 하며, 숫자 하나, 덧셈, 뺄셈 계산 한번의 실수가 전체의 틀을 무너지게 하므로 빠뜨림 없이 생각하는 습관을 길러야 합니다.

E-2. 《니시오 테츠야가 만든 로직 – 익히기》의 활용

1. 난이도 순으로 초급, 중급, 고급으로 나누었습니다. 따라서 '초급 → 중급 → 고급' 순으로 문제를 해결하는 것이 좋습니다.

2. 교시별로 초급, 중급, 고급 문제 순으로 해결해도 좋습니다.

3. 문제를 해결하다 어려움에 부딪히면, 문제 상단부에 표시된 교시의 기본서로 다시 돌아가 기본 개념을 충분히 이해하고 나서 다시 해결하는 것이 바람직합니다.

4. 문제가 쉽게 해결되지 않는다고 해답부터 먼저 확인하는 것은 사고력을 키우는 데 도움이 되지 않습니다.

5. 친구들이나 선생님 그리고 부모님과 문제에 대해 토론해 보는 것은 아주 좋은 방법입니다.

6. 한 문제를 한 가지 방법으로 문제를 해결하기보다는 다양한 방법으로 여러 번 풀어 보는 것이 좋습니다.

로직은 격자 네모 판에 색칠해야 할

가로 칸의 수, 세로 칸의 수를 나타내는 숫자를 보고

논리적으로 생각하여 블록을 색칠해 가는 퍼즐입니다.

1

로직 만나기

1교시 학습 목표

1. 로직Logic이 무엇이며, 누가, 어떻게 만들었는지 알 수 있습니다.
2. 로직의 기본 형태와 장점을 알 수 있습니다.

미리 알면 좋아요

1. 일본은 기본적이면서 다양한 퍼즐을 잘 만들어 내어 퍼즐 왕국으로 유명합니다.
2. 로직에서 가로 칸의 수와 세로 칸의 수가 똑같아야 하는 것은 아닙니다. 5×10, 6×5 등의 크기도 얼마든지 가능합니다.

로직은 격자 네모 판에 색칠해야 할 가로 칸의 수, 세로 칸의 수를 나타내는 숫자를 보고 논리적으로 생각하여 블록을 색칠해 나가는 숫자 논리 퍼즐입니다.

보통 (가로 칸의 수)×(세로 칸의 수)로 크기를 나타내는데, 5×5라고 되어 있는 것은 가로 다섯 칸, 세로 다섯 칸으로 이루어진 로직이라는 뜻입니다.

㉖ 5×5 로직

		5	1 1 1	1 1 1	1	0
3						
1 1						
3						
1 1						
3						

우리나라에서는 간단히 '로직logic'이라 부르기도 하고, '노노그램', '네모네모 퍼즐', '네모 로직', '피크로스Picross＝Picture+Cross' 등 비슷하면서 조금씩 다른 몇 가지 이름으로 불리고 있습니다. 퍼즐을 다 풀고 나면 멋진 그림이 보이기 때문에 '일러스트 로직'이나, '그림그리기 로직Picture Logic', 'Paint by Numbers'라고 부르는 나라도 있습니다.

40×40 로직의 예를 볼까요? 로직을 완성하고 나니 불사조 그림이 나타나는군요.

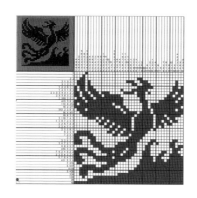

간단한 것으로 요령을 익히면 점점 복잡한 것에 도전하고 싶기 마련이지요. 로직 마니아들은 40×50, 70×80, 100×100 정도의 높은 난이도의 로직에 도전하는 것을 즐깁니다. 칸의 수가 많아질수록 숨겨진 그림이 정교하기 마련이라서 복잡한 로직을 다 풀고 났을 때 나타나는 그림은 거의 예술 작품이라고 할 만합니다.

이 퍼즐은 1987년에 일본의 '이시다 논'이라는 그래픽 편집자와 퍼즐 전문가인 '니시오 테츠야'라는 사람이 처음 개발하였습니다. 개발하자마자 퍼즐 왕국인 일본에서는 선풍적인 인기를 끌었습니다. 로직 퍼즐이 알려진 초창기에는 퍼즐을 푼

정답이나 자신만의 퍼즐을 만들어서 보내는 우편물로 우체국이 몸살을 앓았다고 해요.

이후 퍼즐 마니아를 중심으로 전 세계로 퍼져 나갔고, 1990년대에는 이스라엘의 한 회사가 컴퓨터 프로그램을 이용하여 로직을 만들었고 '피커픽스Pic-a-pix'라는 이름으로 소개하게 되었습니다.

지금은 우리나라에서도 컴퓨터를 이용하여 프로그램을 만들고 있습니다. 또 로직 프로그램을 이용하여 자신만의 창의적인 문제를 많이 소개하면서, 퍼즐을 즐기고 제작하기가 더욱 편리해졌어요. 덕분에 수많은 동호회나 홈페이지가 생겨 마니아들을 잠 못 이루게 하고 있습니다.

이러한 로직은 흥미와 집중하여 생각하는 태도를 길러주는 퍼즐의 기본적인 장점에 더하여, 논리적으로 생각하는 능력, 추리하는 능력, 종합하여 생각하는 능력을 기를 수 있어 두뇌 훈련에 많은 도움이 됩니다.

그래서 영재교육이나 수학, 재량 및 특별 활동으로 우리나라 및 미국, 유럽의 여러 학교에서 활용하는 사례가 점점 늘고 있습니다. 게다가 어느 숫자 하나라도 소홀히 생각하면 전체적인 틀이 모두 무너지기 때문에 즉각적이고 산만한 경향이 많은 요즘 어린이들에게 빠트림 없이 생각하고 인내심을 기를 수 있도록 도움을 주고 있습니다.

퍼즐은 숫자를 알고 있고, 앞뒤 관계를 파악할 수 있는 논리력이 있다면 누구나 도전할 수 있습니다. 이 퍼즐의 매력은 무엇보다도 마지막까지 다 풀고 나서 숨어 있는 그림이 무엇인지 찾아내었을 때 맛보는 성취감입니다. 한 칸 한 칸 풀어나가면서 그림이 보이기 시작할 때의 즐거움을 함께 느껴 볼까요?

꼭 알아둡시다

1. 로직은 일본의 '이시다 논'이라는 그래픽 편집자와 퍼즐 전문가인 '니시오 테츠야'라는 사람이 만들었습니다.

2. 로직은 숫자를 보고 논리적으로 생각하여 블록을 색칠해 나가는 퍼즐로, 논리적으로 생각하는 능력, 종합적으로 생각하는 능력을 기르는데 도움이 되는 두뇌 훈련 퍼즐입니다.

3. 로직은 가로 칸의 수와 세로 칸의 수로 크기를 나타냅니다. 예를 들어, 5×5는 가로 다섯 칸, 세로 다섯 칸인 로직을 나타냅니다.

로직은 가로와 세로의 숫자를 보고

논리적으로 생각하여 블록을 색칠하는 퍼즐입니다.

○나 ×가 확실한 칸부터 풀어 나갑니다.

숫자 퍼즐로
걸음마 하기

2교시 학습 목표

1. 간단한 숫자 퍼즐을 통해 가로, 세로 퍼즐에 익숙해질 수 있습니다.
2. 가로, 세로의 숫자를 모두 만족하도록 칸을 채울 수 있습니다.

미리 알면 좋아요

1. 4×4 퍼즐에서 숫자 힌트 1은 네 칸 중 어디인지는 모르지만 한 칸만 채워야 한다는 뜻입니다.
2. 4×4 퍼즐에서 숫자 힌트 2나 3은 연속되어 있을 수도 있고, 떨어져 있을 수도 있습니다.
3. 4×4 퍼즐에서 숫자 힌트 0은 모두 비어 있다는 뜻이며, 숫자 힌트 4는 모두 채워져 있다는 뜻입니다.

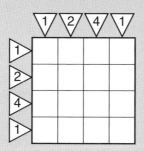

문제

① 다음 16개의 네모 칸에는 과자가 들어 있습니다. 칸 중에 몇 개는 비어 있고, 남아 있는 과자도 있습니다. 가로, 세로 숫자는 그 줄에 남아 있는 과자의 수를 나타냅니다. 어느 칸에 과자가 남아 있는지 찾아 보시오.

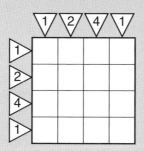

서린이는 아빠와 함께 과자를 먹었습니다. 가로, 세로 네 칸씩 16개의 칸으로 나누어져 있고 한 칸에 하나씩 과자가 들어 있습니다. 맛있는 과자를 몇 개 먹고 있는데, 아빠가 갑자기 과자 뚜껑을 닫았습니다.

"아빠가 어렸을 때 껌을 빼서 씹고, 빈 종이를 껌이 들어 있는 것처럼 종이를 조심히 접어서 친구한테 먹으라고 주는 장난을 치고는 했단다. 자, 여기 뚜껑을 원래대로 다 닫았는데 어느 칸이 비어 있고 어느 칸이 과자가 들어 있는지 맞춰 볼래? 모두 맞으면 아빠는 그만 먹고 모두 서린이에게 주겠다. 하하!"

"앙~ 아빠, 그런 게 어디 있어요? 아무거나 빼내 먹어서 어디에 과자가 남아 있는지 모른단 말이에요."

"좋아, 그러면 그 줄에 몇 개가 남아 있는지 힌트로 알려 주지. 숫자를 잘 보고 찾아봐라!"

아빠는 종이에 칸을 그리고 숫자를 적어 주셨습니다.

"흐음, 이 정도 힌트라면 금방 해결할 수 있겠어요!"

자, 여러분도 쉽게 해결할 수 있겠지요? 로직은 어떻게 하라는 것인지 설명을 들어도 모르겠어! 하고 말하는 친구들이 있습니다. 그래서 2교시에서는 로직에 도움이 되는 아주 간단한 숫자 퍼즐로 기초 연습을 해 보도록 합니다.

문제보다 더 간단한 3×3 퍼즐로 시작합시다.

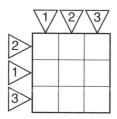

위쪽과 왼쪽 삼각형 안에 숫자가 있습니다. 숫자는 그 줄에 들어 있는 과자의 개수를 뜻합니다. 1이나 2 힌트는 과자가 어디에 들어 있고 비어 있는지 알 수 없습니다.

그러나 3은 한 줄이 세 칸이므로 모든 칸에 과자가 들어 있는 것을 알 수 있습니다. 그러므로 3을 먼저 찾아 표시합니다.

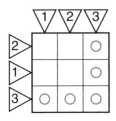

3이 표시된 줄에 ○표를 하고 보니, 1이 들어갈 자리는 이미 알게 되었습니다. 그럼, 1의 줄에는 모두 ×표를 하면 됩니다.

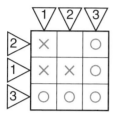

이제 나머지 칸은 쉽게 넣을 수 있겠지요?

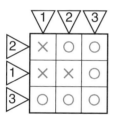

그럼 문제에 나와 있는 4×4 크기를 해 봅시다. 여기서는 한 줄에 네 칸이므로 모든 칸에 ○표가 들어가는 줄은 4 힌트가 표시된 줄입니다. 4라고 표시된 줄부터 ○표시합니다.

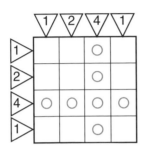

4 덕분에 1개가 들어가는 줄은 ○가 들어갈 자리를 이미 찾았으므로 다음은 1이 있는 줄을 찾아 나머지를 ×표시합니다.

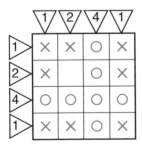

42

이제 남아 있는 것은 한 칸밖에 없네요. 그 줄이 2인 것을 보니 쉽게 ○임을 알 수 있습니다. 서린이는 8개의 과자를 더 먹을 수 있겠군요. 과자는 아마도 이런 모양으로 들어 있겠지요?

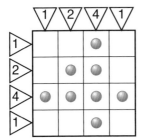

알아둡시다

1. 숫자 힌트 0이나, 모두 채워야 하는 힌트를 먼저 표시해야 해결하기
   쉽습니다.

2. 짐작으로 해서는 안 되며, ○나 ×가 확실한 칸부터 표시해 나가도록
   합니다.

로직의 숫자 힌트는

연속해서 칠해진 칸의 수를 의미합니다.

숫자가 두 개 이상 있는 것은

사이에 한 칸 이상 떨어져 있다는 뜻입니다.

3

쉬운 로직으로
규칙 익히기

3교시 학습 목표

1. 4×4, 5×5 크기의 가장 기초적인 로직으로 기본 규칙을 익힐 수 있습니다.

2. 퍼즐을 모두 해결하고 나서 나타나는 그림이나 문자가 무엇인지 찾아낼 수 있습니다.

미리 알면 좋아요

1. 로직의 숫자 힌트는 연속해서 칠해진 칸의 수를 의미합니다. 예를 들어, 숫자 힌트 3은 세 칸을 연속으로 칠해야 한다는 뜻입니다.

2. 숫자 힌트 중 2 1과 같이 숫자가 두 개 이상 있는 것은 두 칸과 한 칸 칠해진 사이에 한 칸 이상 떨어져 있다는 뜻입니다.

문제

① 로직에서 나타내는 숫자 3은 세 칸을 연속해서 색칠해야 한다는 뜻이고, 1 2와 같이 숫자가 두 개 이상인 것은 한 칸과 두 칸 칠해진 사이에 한 칸 이상의 빈 칸이 있다는 뜻입니다. 위쪽과 왼쪽의 숫자에 맞게 색칠해 보시오.

	3	1 1	1 1	3
2				
1 1				
4				
1 1				

숫자가 있는 칸을 빼고 가로 네 칸, 세로 네 칸이므로 4×4 크기의 로직입니다. 2는 두 칸을 연속해서 색칠하라는 뜻이고, 1 1은 한 칸 색칠하고 나서, 몇 칸은 비워두고 한 칸을 다시 색칠하라는 뜻입니다. 2장의 과자 로직은 1 1의 경우 2로 표시되므로 사이가 띄어 있는지 붙어 있는지 알 수 없습니다. 그런 면에서는 로직의 힌트가 더 친절하지요. 하지만, 사이에 몇 칸이 비어 있는지는 다른 숫자와의 관계에서 찾아내야 합니다.

앞의 문제를 함께 풀어 봅시다.

전략❶

한 줄의 모든 칸에 해당하는 수를 먼저 찾아 O를 표시하고, 모두 없는 줄을 찾아 ×를 표시한다.

여기서는 4 × 4 크기이므로 가장 큰 수가 4이고, 4나 0이 있으면 쉽습니다. 4는 모두 O, 0은 모두 ×를 하면 되기 때문이지요. 0은 없으므로 4가 있는 줄을 먼저 O표시합니다.

	3	1 1	1 1	3
2				
1 1				
4	O	O	O	O
1 1				

전략❷

가로를 표시했으면 세로줄의 1을 찾아 위아래에 ×를 표시한다.

4가 있는 가로줄을 모두 O표를 했습니다.

1의 경우는 바로 양 옆 칸이나 위아래 칸 한 칸씩은 비어 있어야 합니다. O표가 있는 세로에 1의 힌트가 있는 줄에는 ×표시가 확실합니다. 확실한 ×는 표시해 주어야겠죠?

	3	1 1	1 1	3
2				
1 1		×	×	
4	O	O	O	O
1 1		×	×	

전략③

O, ×가 확실한 곳만 표시한다.

3의 경우는 O가 중간에 있으므로 위의 세 칸이 될지 아래 세 칸이 될지 알 수 없습니다. 하지만, 1 1은 한 칸씩 남아 O가 확실하므로 이런 곳을 표시하며 완성해 가야 합니다.

	3	1 1	1 1	3
2		○	○	
1 1	○	×	×	○
4	○	○	○	○
1 1		×	×	

이제 가로의 2나 아래 1 1도 확실해졌으므로 완성할 수 있습니다.

	3	1 1	1 1	3
2	×	○	○	×
1 1	○	×	×	○
4	○	○	○	○
1 1	○	×	×	○

큰 로직은 모두 해결하고 나서 블록을 색칠해 보면 어떤 그림이 나오는지 더 잘 알 수 있습니다. 우리도 색칠해 봅시다. A가 보이나요?

	3	1 1	1 1	3
2	×	○	○	×
1 1	○	×	×	○
4	○	○	○	○
1 1	○	×	×	○

이제 하는 방법을 알았으니 크기를 한 칸씩 더 늘려 봅시다.

	5	1 1 1	1 1 1	1 1 1	0
3					
1 1					
3					
1 1					
3					

5×5 로직의 가장 큰 수 5와 모두 비어 있는 수 0을 먼저 표시합니다.

	5	1 1 1	1 1 1	1 1	0
3	○				×
1 1	○				×
3	○				×
1 1	○				×
3	○				×

∴ 전략④

맨 끝줄이 ○인 경우는 반대편의 첫 번째 숫자만큼 모두 ○표시
합니다.

이 로직과 같이 세로줄 첫 번째가 모두 ○이면 행운이지요.
왼쪽의 숫자들 중 가장 첫 번째 숫자를 보며 개수만큼 ○를 표
시를 할 수 있습니다. 3은 연속해서 3개가 있다는 뜻이므로 이
어서 3개만큼 ○표를 합니다.

	5	1 1 1	1 1 1	1	0
3	○	○	○		×
1 1	○				×
3	○	○	○		×
1 1	○				×
3	○	○	○		×

그리고 개수만큼 ○를 표시한 끝에는 모두 ×가 되지요.

	5	1 1 1	1 1 1	1	0
3	○	○	○	×	×
1 1	○	×			×
3	○	○	○	×	×
1 1	○	×			×
3	○	○	○	×	×

이런 행운은 물론 왼쪽뿐만 아니라, 오른쪽 끝줄이나 위아래의 첫 번째 줄에서 ○를 찾았을 때도 해당합니다. 이제 나머지는 모두 열 수 있겠지요? 모두 열고 색도 칠해 봅시다.

	5	1 1 1	1 1 1	1	0
3	○	○	○	×	×
1 1	○	×	×	○	×
3	○	○	○	×	×
1 1	○	×	×	○	×
3	○	○	○	×	×

➡

	5	1 1 1	1 1 1	1	0
3	○	○	○	×	×
1 1	○	×	×	○	×
3	○	○	○	×	×
1 1	○	×	×	○	×
3	○	○	○	×	×

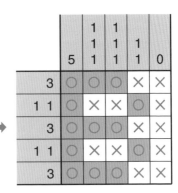

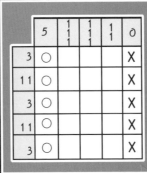

알아둡시다

1. 예를 들어, 4×4 로직은 4나 0을 가장 먼저 색칠합니다.

2. 짐작으로 색칠하면 안 되며, ○나 ×가 확실한 칸부터 표시해 나가도록 합니다.

기본 로직으로
요령 익히기

4

4교시 학습 목표

1. 10×10 크기의 기본 로직으로 요령을 익힐 수 있습니다.
2. 큰 수 힌트에서 확실하게 색칠할 수 있는 영역을 찾을 수 있습니다.

미리 알면 좋아요

1. 색칠하기 전에 ○, × 등의 간단한 기호로 먼저 체크하면 편리합니다.
2. 숫자 힌트가 2 1과 같이 두 개 이상의 숫자일 때는 사이에 최소한 한 칸이 떨어져 있다는 계산을 해야 합니다.

문제

① 10×10 로직입니다. 위쪽과 왼쪽의 숫자에 맞게 색칠하여 보시오.

		4	6	7	6	6	8	7	2 2 1	4 1	0
	0										
2	2										
4	4										
7	1										
7	1										
	9										
	7										
	5										
	2										
1	2										

예윤이는 엄마와 함께 TV를 보고 있었습니다. 화면에는 인터뷰하는 장면이 나오고 있었습니다. 인터뷰하는 기자의 얼굴은 선명하게 보였지만 다른 사람의 얼굴은 모자이크 처리되어 잘 보이지 않았습니다.

"엄마, 왜 저 사람 얼굴은 네모들로 가려져 있어요? 네모 때문에 얼굴을 알아볼 수가 없어요."

"하하하, 그렇구나. 일부러 얼굴을 잘 알아볼 수 없도록 그렇게 하는 거란다. 미술 시간에 모자이크 해 봤지? 사실은 네모로 가리는 것이 아니라 얼굴을 나타내는 색을 수백만 개의 점으로 나타내는 대신 몇 개의 큰 네모난 칸으로 나타내서 그렇단다."

"네? 수백만 개의 점이요?"

미술에서 모자이크나 점묘화 등은 일정한 크기의 기본 단위 셀을 모아서 작품을 완성하는 방법이지요. 몇십 년 전에는 문서를 작성하는 타자기로 똑같은 자음자를 찍어 그림을 완성하는 것이 유행하기도 했어요.

그림을 퍼즐에 이용한 것은 1900년대에 들어서면서입니다. 그림을 조각으로 나누어 원래 그림으로 맞추는 조각 퍼즐은 어렸을 때 많이 해 보았을 거예요. 숫자와 그림을 이용한 퍼즐도 하나둘씩 생겨나 퍼즐 전문가라는 직업도 생겨났답니다.

모자이크는 그림을 미리 생각하며 작은 네모 하나하나를 덧붙여 완성해 가고 점묘화도 점을 찍어 완성하지요? 하지만, 생각만큼 멋있는 작품이 나오기는 쉽지 않습니다. 처음 점을 몇 개 찍었을 때는 이게 과연 그림이 나올까 싶기도 하지요. 로직을 푸는 사람은 그림이 어떻게 생겼는지 모르고 풀지만, 뭔가 그림이 보이기 시작했을 때 느끼는 즐거움은 모자이크와 점묘화의 미술 작품을 완성해 나갈 때와 비슷합니다.

로직은 규칙이 단순 명료하고, 만드는 사람의 아이디어에 따라 무한한 문제가 만들어지므로 항상 새롭게 도전하도록 하는 매력이 있습니다.

간단한 로직으로 기초적인 방법을 익혔으면, 이제 기본 로직을 만나 봅시다. 10×10 크기입니다.

•• 전략❶

줄의 전체 칸에 해당하는 수를 먼저 찾아 O를 표시하고, 모두 없는 줄을 찾아 ×를 표시한다.

10 × 10 로직이므로, 10에 해당하는 수를 찾아서 ○표를 해야 되겠네요. 하지만, 10은 없으므로 0이 있는 곳에 먼저 ×표시를 해 봅시다.

	4	6	7	6	6	8	7	2 2 1	4 1	0
0	×	×	×	×	×	×	×	×	×	×
2 2										×
4 4										×
7 1										×
7 1										×
9										×
7										×
5										×
2										×
1 2										×

•• 전략❷

그 줄의 ×를 한 칸과 숫자를 모두 더해서 전체 칸이 되는 줄을 찾는다.

10 × 10 로직에서 가장 큰 수인 10은 없지만 ×표 덕분에 전체가 아홉 칸인 것과 마찬가지인 상황이 되었습니다. 따라서

9가 있는 줄은 모두 ○표시를 할 수 있습니다.

그리고 7 1은 7과 1 사이의 빈칸이 최소 한 칸이라고 생각해도 7+□+1=9로 아홉 칸이 꽉 차므로 이렇게 모두 더해서 전체 수만큼 나오는 경우는 바로 표시할 수 있습니다.

4 4도 마찬가지로, 4+□+4=9로 아홉 칸이 꽉 찬 힌트이므로 ○, ×표시합니다.

	4	6	7	6	6	8	7	2 2 1	4 1	0
0	×	×	×	×	×	×	×	×	×	×
2 2										×
4 4	○	○	○	○	○	×	○	○	○	×
7 1	○	○	○	○	○	○	○	×	○	×
7 1	○	○	○	○	○	○	○	×	○	×
9	○	○	○	○	○	○	○	○	○	×
7										×
5										×
2										×
1 2										×

$4+\boxed{}+4+\boxed{\times}=10$

$7+\boxed{}+1+\boxed{\times}=10$

$9+\boxed{\times}=10$

∙∙ 전략❸

전체 칸의 반 이상인 큰 수를 찾아 확실한 부분만 ○표시한다.

꽉 찬 수가 없으면 전체 수에 가까운 큰 수 힌트를 먼저 찾습니다.

예를 들어, 전체 칸이 열 칸이고 8이라는 힌트가 있으면 8은 다음 세 가지 경우 중에 하나이므로 가운데 여섯 칸은 확실히 색칠해야 할 부분임을 생각할 수 있습니다.

8			○	○	○	○	○	○	○	○
8	○	○	○	○	○	○	○	○		
8		○	○	○	○	○	○	○	○	

이것은 위쪽 힌트를 보고 할 때도 마찬가지겠지요. 만약 9라면 양쪽에 한 칸씩 비워두고, 가운데 일곱 칸을 먼저 색칠할 수 있고, 7이라면 양쪽에 세 칸씩 비워두고, 가운데 네 칸을 먼저 열 수 있습니다.

따라서 큰 수는 '전체 칸의 수 − 큰 수'만큼을 양쪽에 비워두고 가운데를 ○표시합니다. 여기서 주의할 점은 가운데 여섯 칸을 ○를 표시했다고 해서 양쪽의 두 칸씩 남은 곳에 ×표를 하면 안 된다는 것입니다. 어디가 색칠될지 모르니 양쪽은 예비 칸으로 남겨두어야 합니다.

여기서는 큰 수가 많이 나와 있는 위쪽 힌트 6 7 6 6 8 7을 보면, ×를 처음에 얻어 전체 칸이 아홉 칸이 되었으므로 큰 수 8의 경우는 위아래에 한 칸씩, 7의 경우는 위아래에 두 칸씩, 6의 경우는 3칸씩 예비 칸을 비워두고 가운데가 확실한 부분입니다. 이미 확정된 ○표시는 그대로 두고 하면 됩니다.

	4	6	7	6	6	8	7	2 2 1	4 1	0
0	×	×	×	×	×	×	×	×	×	×
2 2										×
4 4	○	○	○	○	×	○	○	○	○	×
7 1	○	○	○	○	○	○	○	×	○	×
7 1	○	○	○	○	○	○	○	×	○	×
9	○	○	○	○	○	○	○	○	○	×
7		○	○	○	○	○	○	○		×
5			○		○	○	○			×
2					○	○				×
1 2										×

9−7=2 위, 아래 예비 두 칸
9−8=1 위, 아래 예비 한 칸
9−6=3 위, 아래 예비 세 칸

이렇게 큰 수의 확실한 중간 부분을 색칠하는 것은 '7 1'과 같이 숫자 힌트가 두 개 이상일 때도 적용됩니다. '7 1'의 경우는 최소한 한 칸이 떨어져 있다고 생각해도 총 아홉 칸이 필요하므로 7의 왼쪽에 한 칸을 예비 칸으로 남겨 놓고 여섯 칸은 확실히 ○가 되는 칸이 됩니다. '1 7'이라면 오른쪽 한 칸이 예비 칸이 되고 그 다음 여섯 칸을 열 수 있습니다.

이때 주의할 점은 전체 칸을 셀 때는 1을 함께 생각하여 더하지만 예비 칸을 남겨놓을 때는 7에서만 생각해야 합니다. 1은 예비 칸을 남겨 놓고 확실히 색칠해야 한다고 말할 수 있는 공통 칸이 없기 때문입니다.

따라서 힌트 숫자가 두 개 이상인 경우는 전체 칸의 반 이상인 큰 수가 있는 쪽만 표시하도록 조심합니다.

●● 전략④

확실히 아닌 부분도 ×표를 한다.

세로 두 번째 6의 경우는 지금까지 5개의 ○를 찾았으므로 위아래 한 칸씩만 불확실하고 아래 나머지 두 칸은 확실히 ×라는 것도 생각할 수 있습니다. 이렇게 확실히 아닌 부분도 ×

표를 해 두면 다음 힌트를 생각할 때 도움이 됩니다.

천재들이 만든 수학퍼즐 · 28

	4	6	7	6	6	8	7	2 2 1	4 1	0
0	×	×	×	×	×	×	×	×	×	
2 2										×
4 4	○	○	○	○	×	○	○	○	○	○
7 1	○	○	○	○	○	○	○	×	○	
7 1	○	○	○	○	○	○	○	○	×	○
9	○	○	○	○	○	○	○	○	○	
7		○	○	○	○	○	○			
5			○			○				
2		×				○				×
1 2		×								×

이제 세로 첫 번째 힌트 4와 같이 확정된 부분부터 완성해 나가 보세요.

	4	6	7	6	6	8	7	2 2 1	4 1	0
0	×	×	×	×	×	×	×	×	×	
2 2	×	○	○	×	×	×	○	○	×	
4 4	○	○	○	○	×	○	○	○	○	○
7 1	○	○	○	○	○	○	○	×	○	×
7 1	○	○	○	○	○	○	○	○	×	○
9	○	○	○	○	○	○	○	○	○	×
7	×	○	○	○	○	○	○	○	×	
5	×	×	○	○	○	○	○	×	×	
2	×	×	×	×	○	×	×	×		
1 2	×	×	×	×	×	○	×	○	○	×

무슨 그림일까요? 예쁜 하트가 보이나요?

	4	6	7	6	6	8	7	2 2 1	4 1	0
0	×	×	×	×	×	×	×	×	×	×
2 2	×	○	○	×	×	×	○	○	×	×
4 4	○	○	○	○	×	○	○	○	○	×
7 1	○	○	○	○	○	○	○	×	○	×
7 1	○	○	○	○	○	○	○	×	○	×
9	○	○	○	○	○	○	○	○	○	×
7	×	○	○	○	○	○	○	○	×	×
5	×	×	○	○	○	○	○	×	×	×
2	×	×	×	×	○	○	×	×	×	×
1 2	×	×	×	×	×	○	×	○	○	×

알아둡시다

1. 10 × 10 로직은, 10이나 0을 가장 먼저 표시합니다.

2. 숫자 힌트가 여러 개이면 숫자 사이의 빈칸을 한 칸으로 계산하여, 모두 더해서 10이 나오는 경우를 찾아 표시합니다.

3. 전체 칸의 반 이상인 큰 수를 찾아 확실한 부분만 O를 표시합니다.

로직의 칸이 많아질수록

완성된 후의 그림이 정교해집니다.

교시

복잡한 로직 정복하기

5

5교시 학습 목표

1. 15×15 이상의 로직을 해결할 수 있습니다.
2. 복잡한 로직의 가로, 세로 관계를 종합적으로 생각할 수 있습니다.

미리 알면 좋아요

1. 칸의 수가 많아질수록 그림이 정교해집니다.
2. 가장자리를 먼저 해결하면 더 효과적입니다.

문제

1 15×15 로직입니다. 위쪽과 왼쪽의 숫자에 맞게 색칠하여 보시오.

	3	3 5	2 1 2 2	1 3 6	1 6 3	1 2 1	2 1 1 1	1 1 3	1 2 3	3 1 1	5 3	2 6	2 2 2	5	3
3															
2															
1															
3 3															
4															
2 4															
2 5															
7															
1 1															
3 3															
3 1 1 3															
5 2 5															
2 2 6 2															
5 1 5															
3 3															

디지털 카메라나 핸드폰 카메라에 대해 말할 때에 200만 화소, 400만 화소 등으로 말하는 것을 들어본 적 있습니까? TV나 사진 또는 모니터 등은 우리에게 화려한 그림을 보여주지만, 사실 자세히 확대해 보면 매우 작은 픽셀화소들이 많이 모여서 그림을 이루는 것이랍니다. 똑같은 그림을 200만 개의 점으로 색칠한 것보다는 400만 개의 점으로 색칠하면 훨씬 더 선명해지겠지요? 복잡한 로직을 완성한 그림을 보면 여러 개의 셀이 모여 전체 화면을 완성하는 모니터를 보는 것 같습니다.

이제 조금 더 복잡한 로직에서 그림을 만나 보도록 합시다. 15×15 크기입니다. 로직이 꼭 가로와 세로가 같아야 하는 것은 아닙니다. 10×15도 될 수 있고, 5×20도 될 수 있지요. 만드는 사람의 아이디어에 따라 크기는 조절할 수 있습니다.

힌트가 두 자리 수가 될 수 있으므로 때에 따라 12와 1 2를 헷갈리지 않도록 조심합니다. 복잡한 로직도 처음 전략은 기초 로직과 같습니다.

∙∙ 전략❶

15나 0, 또는 모두 더해서 15가 나오는 꽉 찬 힌트를 찾는다.

이 문제에서 가장 큰 수는 15이지만, 힌트 15 또는 0인 곳은 없으므로 꽉 찬 힌트를 찾아보면 가로 힌트 2 2 6 2가 있습니다.

3 1 1 3															
5 2 5															
2 2 6 2	○	○	×	○	○	×	○	○	○	○	○	○	×	○	○
5 1 5															
3 3															

큰 수 또는 모두 더해서 15에 가까운 힌트를 공략한다.

여기서 가장 큰 수는 7이지만 앞에서 배운 전략대로 하려고 하면, 15_{전체 수}ー7_{큰 수}=8이라서 7은 반 이상이 되지 않아 양쪽에서 8칸씩을 빼고 확정할 수 있는 칸이 없습니다.

이럴 때는 큰 수가 들어 있으면서 모두 더해서 전체 수에 가까운 힌트를 찾도록 합니다.

가로 힌트 5 2 5는 5+(최소 빈칸 하나)+2+(최소 빈칸 하나)+5=14로 전체에 한 칸 모자라는 힌트입니다. 왼쪽이나 오른쪽 끝 빈칸이 두 칸 이상이면 2+14>15라서 모순이 되므로 양쪽 빈칸은 없거나 한 칸일 수밖에 없습니다.

그렇다면 가로 힌트 5 2 5는 반 이상인 힌트와 마찬가지로 15-14를 하여 1칸을 예비 칸으로 두고 양쪽에서 네 칸씩을 확정할 수 있습니다. 또한 5와 2 사이의 빈 칸은 (최소 빈칸 하나)+(예비 칸 하나)로 가장자리에 두 칸씩을 비워두면 가운데 한 칸을 확정할 수 있습니다.

이처럼 생각하면 가로 힌트 5 1 5는 최소 한 칸씩 떨어져 있다고 생각할 때 모두 더해서 13이므로 양쪽에서 15-13인 두 칸을 예비 칸으로 두고 세 칸씩을 확정할 수 있습니다.

가운데 1은 확정할 수 있는 칸이 없지요.

3 1 1 3														
5 2 5	○	○	○	○			○			○	○	○	○	
2 2 6 2	○	○	×	○	○	×	○	○	○	○	○	○	×	○ ○
5 1 5		○	○	○					○	○	○			
3 3														

←5+□+2+□+5=14
양쪽에 예비 한 칸

←5+□+1+□+5=13
양쪽에 예비 두 칸

전략 ❸
가장자리 힌트를 공략한다.

가로 힌트를 이용하여 아래쪽이 조금 풀렸습니다. 중간 부분이 풀린 것보다 벽에 가까운 힌트가 풀린 것이 더 행운입니다. 벽이라는 것은 좌, 우, 위, 아래 가장 끝 부분을 말합니다. 아래 벽에 가까운 힌트는 세로 힌트의 마지막 숫자를 보며 표시해 나갈 수 있습니다.

위쪽 힌트의 아래 숫자 3, 5, 2, 6, 3, …을 쭉 보면서 힌트를 생각하여 보충해 봅니다.

3 힌트가 있는 한 개의 ○가 열린 줄
은 위에 두 개의 ○가 열리는 경우와 아
래위에 하나씩 열리는 경우, 위에 두 개
열리는 경우가 있습니다. 그러므로 위아
래에 예비 칸을 남겨두어야 합니다.

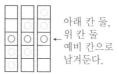

아래 칸 둘,
위 칸 둘
← 예비 칸으로
남겨둔다.

나올 수 있는 경우의 수

　그런데 이 줄은 힌트가 3 하나뿐이군요. 그럼 예비 칸을 제
외하고는 모두 ×로 확정지을 수 있습니다.

　5는 아래에 남은 칸이 두 칸이므로 한
칸 더 확정할 수 있습니다. 따라서 바닥에
서부터 ○이거나 현재 열린 곳부터 ○이
거나 상관없이 바로 위 칸은 확실히 ○가
됩니다.

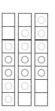

나올 수 있는 경우의 수

　2 2는 ×아래 ○가 하나 나왔으므로 하나 더 채워 넣
고, 위에도 ○ 하나가 열렸으므로 하나 더 넣어 두 개를
만들 수 있습니다.

힌트가 6인 줄은 예비 칸 한 칸만 두고 2칸 더 확정할 수 있습니다.

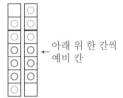

← 아래 위 한 칸씩 예비 칸

나올 수 있는 경우의 수

힌트가 3인 줄 중에서, 3개의 ○가 열린 줄은 위, 아래는 모두 ×임을 알 수 있습니다.

두 개의 ○가 열린 줄은 ○가 위에 열리는 경우와 아래에 열리는 경우를 생각해 볼 수 있습니다. 그렇다면 맨 마지막 칸은 ×로 확정지을 수 있습니다.

힌트가 1인 첫 번째 줄은 × 아래에 ○가 있을지 없을지 어떤 것도 확정할 수 없습니다. 하지만, 두 번째 1은 ○ 아래에 ○가 하나 더 있건 없건 간에 자기 자신은 1이 확실하므로 바로 위와 바로 아래는 모두 ×입니다.

로직 안에 넣어 확인해 볼까요?

	3	3 5	2 1 2 2	1 3 6	2 1 6 3	1 2 1	2 1 1 1	1 1 3	2 1 2 3	3 1 3 1	5 3	2 2 6	2 2 2	5	3
3	×														×
2	×														×
1	×														×
3 3	×														×
4	×														×
2 4	×														×
2 5	×														×
7	×														×
1 1	×														×
3 3	×		×	○							○	×			×
3 1 1 3		○	○	○	×					×	○	○	○		
5 2 5		○	○	○	○	×	○		×	○	○	○	○		
2 2 6 2	○	○	×		×	○	○	○	○	○	○	○	×	○	○
5 1 5			○	○	○	×					×	○	○		
3 3			○		×		×				×	○	○		

˙˙ 전략❹

가로 힌트로 열었으면 연결된 세로 힌트를 보고, 세로 힌트로
열었으면 다음은 가로 힌트를 보고 찾는다.

가로 힌트로 몇 개를 열었다면 그것은 세로 힌트로 풀 수 있
는 힌트가 추가되었다는 뜻입니다. 따라서 가로와 세로를 번갈

아 보며 열도록 합니다. 방금 세로 힌트로 아래쪽을 많이 열었으므로 이제 가로 힌트를 아래쪽부터 봅시다.

3 3은 한 개씩 이미 열려 있으므로 가운데 두 개씩은 ○로 확정하고 ×와 × 사이는 모두 ×라는 것을 알 수 있군요. 이처럼 한 줄씩 올라가면서 확정할 수 있는 곳을 표시해 봅시다.

아래 그림과 같이 맞게 열 수 있었나요?

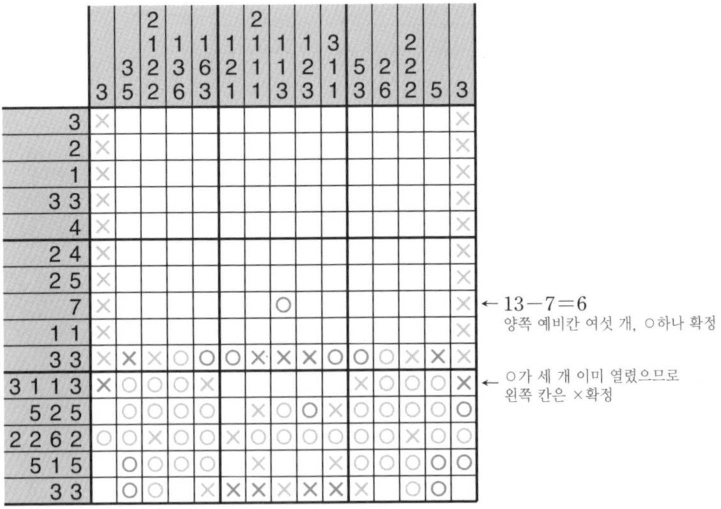

세로 힌트(열 위쪽, 위→아래 순서):

```
          2                   2
      1 1 1 1     1 1 3 1          2 2
    3 2 3 6 2 1 1 2 1 5       2 2
  3 5 2 6 3 1 1 3 3 1 3 6 2 5 3
```

가로 힌트	1	2	3	4	5	6	7	8	9	10	11	12	13	14	15
3	×														×
2	×														×
1	×														×
3 3	×														×
4	×														×
2 4	×														×
2 5	×														×
7	×								○						×
1 1	×														×
3 3	×	×	×	○	○	○	×	×	×	○	○	○	×	×	×
3 1 1 3	×	○	○	○	×						×	○	○	○	×
5 2 5	○	○	○	○	○			×	○	○	×	○	○	○	○
2 2 6 2	○	○	×	○	○	×	○	○	○	○	○	○	×	○	○
5 1 5	○	○	○	○	○	×				×	○	○	○	○	○
3 3		○	○	×	×	×	×	×	×	×			○	○	

← 13−7＝6
양쪽 예비칸 여섯 개, ○하나 확정

← ○가 세 개 이미 열렸으므로
왼쪽 칸은 ×확정

자, 이제 가로 힌트를 보고 또 좀 더 열었으니 다시 세로 힌트를 보고 알 수 있는 칸을 열어 봅시다.

가로, 세로 힌트를 번갈아 보며 나머지를 모두 열어 봅시다.

First grid (puzzle in progress)

	3	3 5	2 1 2 2	1 2 6	1 6 3	1 2 1	2 1 1 1	1 1 3	1 2 3	3 1 1	5 3	2 6	2 2 2	5	3
3	×														×
2	×														×
1	×														×
3 3	×				×										×
4	×				○						×				×
2 4	×				○						○				×
2 5	×				○			×			○				×
7	×				○			○			○				×
1 1	×				○			×		×	○				×
3 3	×	×	×	○	○		○	×	×	×	○	○	○	×	×
3 1 1 3	×	○	○	○	×							×	○	○	○
5 2 5		○	○	○	○			×	○	○	×	○	○	○	○
2 2 6 2	○	○	×	○	○	×	○	○	○	○	○	○	×	○	○
5 1 5	○	○	○	○	○		×			×	○	○	○	○	○
3 3		○	○		×	×	×	×	×	×	×		○	○	×

Second grid (completed solution)

	3	3 5	2 1 2 2	1 2 6	1 6 3	1 2 1	2 1 1 1	1 1 3	1 2 3	3 1 1	5 3	2 6	2 2 2	5	3
3	×	×	○	○	○	×	×	×	×	×	×	×	×	×	×
2	×	○	○	×	×	×	×	×	×	×	×	×	×	×	×
1	×	○	×	×	×	×	×	×	×	×	×	×	×	×	×
3 3	×	○	○	○	×	×	○	○	○	×	×	×	×	×	×
4	×	×	×	○	○	○	○	×	×	×	×	×	×	×	×
2 4	×	×	×	○	×	×	×	×	○	○	○	○	×	×	×
2 5	×	×	×	×	○	×	×	○	○	○	○	○	×	×	×
7	×	×	×	×	○	○	○	○	○	○	○	×	×	×	×
1 1	×	×	×	×	○	×	×	×	×	×	○	×	×	×	×
3 3	×	×	×	○	○	○	×	×	×	○	○	○	×	×	×
3 1 1 3	×	○	○	○	×	○	×	○	×	○	×	○	○	○	×
5 2 5	○	○	○	○	○	×	×	○	○	×	○	○	○	○	○
2 2 6 2	○	○	×	○	○	×	○	○	○	○	○	○	×	○	○
5 1 5	○	○	○	○	○	×	×	○	×	×	○	○	○	○	○
3 3	×	○	○	○	×	×	×	×	×	×	×	○	○	○	×

무슨 그림일까요? 색칠을 해 보면 더 잘 보인답니다.

		3	2 1 2 2	1 3 6	1 6 6	1 2 3	2 1 1 1	1 1 3	1 2 3	3 1 1	5 3	2 6	2 2 2	5	3
		3													
3	×	×	○	○	○	×	×	×	×	×	×	×	×	×	×
2	×	○	○	×	×	×	×	×	×	×	×	×	×	×	×
1	×	○	×	×	×	×	×	×	×	×	×	×	×	×	×
3 3	×	○	○	○	×	×	×	○	○	○	×	×	×	×	×
4	×	×	×	○	○	○	○	×	×	×	×	×	×	×	×
2 4	×	×	×	○	○	×	×	×	×	○	○	○	○	×	×
2 5	×	×	×	○	○	×	×	×	○	○	○	○	○	×	×
7	×	×	×	○	○	○	○	○	○	○	×	×	×	×	×
1 1	×	×	×	×	○	×	×	×	×	×	○	×	×	×	×
3 3	×	×	×	○	○	○	×	×	×	○	○	○	×	×	×
3 1 1 3	×	○	○	○	×	×	×	○	×	×	×	○	○	○	×
5 2 5	○	○	○	○	○	×	×	○	○	×	○	○	○	○	○
2 2 6 2	○	○	×	○	○	×	○	○	○	○	○	○	×	○	○
5 1 5	○	○	○	○	○	×	×	×	○	×	○	○	○	○	○
3 3	×	○	○	○	×	×	×	×	×	×	×	○	○	○	×

자, 드디어 그림이 나왔군요. 자전거입니다.

이보다 칸이 더 많아지면 그림도 정밀해져서 멋있는 작품이
나오겠지요? 대신 잠을 줄여야 할지도 모릅니다.

알아둡시다

1. 15나 0 또는 모두 더해서 15가 나오는 힌트를 먼저 합니다.

2. 큰 수 또는 모두 더해서 15에 가까운 힌트에서 확실히 색칠할 수 있는 부분을 찾습니다.

3. 가로 힌트로 몇 칸을 열었다면, 세로 힌트를 보고 해결할 수 있는 힌트가 추가되었다는 뜻입니다. 따라서 가로와 세로를 번갈아 가며 풀도록 합니다.

6

가정하여 풀기

6교시 학습 목표

1. 가정하여 푸는 방법의 원리를 이해할 수 있습니다.
2. 로직의 기본적인 방법으로 풀리지 않을 때 가정하여 푸는 방법을 적용하여 문제를 해결할 수 있습니다.

미리 알면 좋아요

가정하여 풀기는 대충 짐작하여 찍는 방식과는 다르며, 오류를 통해 결론을 내리는 과학적인 방법입니다.

문제

① 숫자 힌트에 맞게 빈칸을 색칠하여 보시오.

	1 3	2 1 1 1	1 1 1 1 3	3 3 1	1	1 2	3 1	1 2 1	1	3 3
3										
2 1 3										
1 1 1										
3 3 1										
1 1 1 1										
4										
4										
1 1										
1 1										
4										

다인이는 로직의 재미에 쏙 빠져 있습니다.

"이모, 이거 처음에는 숫자만 잔뜩 있어서 재미없어 보였는데, 하면 할수록 더 큰 문제를 해결해 보고 싶은 생각이 들어요. 무슨 그림이 나올까 궁금하기도 하고요."

"그래? 다인이도 로직의 매력에 푹 빠졌구나. 그러면 이 문제 한번 해 볼래?"

"좋죠. 그런데 이모, 이 문제는 뭔가 잘못된 것 아니에요? 큰 수나 꽉 찬 수가 없어 어디서 시작해야 할지 모르겠어요."

"그렇지? 그러면 어떻게 해야 할까?"

어떤 로직은 힌트가 친절하지 않아서 큰 수나 공통부분을 찾는 것만으로 해결되지 않는 것이 있습니다. 이럴 때는 처음 칸을 O라고 가정하고 칸을 열어 나갑니다. 그러다 가로 힌트대로 하면 맞는데 세로 힌트와는 맞지 않는다거나, 반대로 세로 힌트대로 했는데 가로 힌트와 맞지 않을 때가 생깁니다. 이런 식으로 가로, 세로 힌트 사이에 서로 오류가 생길 때, 처음 칸은 O가 아니었구나 하고 결론을 내리는 방식입니다.

다음의 간단한 연습 5×5 로직으로 가정하여 풀기를 먼저 만나 봅시다.

	2	1 1	1 1	1 2	2
2					
2 1					
1 1					
1 1					
2					

•• 전략❶

한 칸을 ○로 가정하고 가로 힌트 → 세로 힌트 순서로 표시한 후, 두 번째 가로 힌트에 오류가 있나 확인한다.

처음 칸을 ○라고 가정하면, 가로 힌트에 따라 옆으로 두 칸이 ○가 되고 두 칸이 열렸으므로 다음은 ×가 되었습니다. 이제 세로 힌트를 따라서 표시해 봅니다.

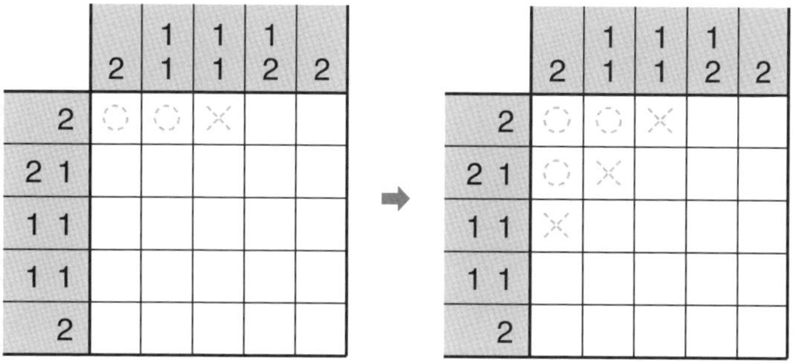

전략❷

오류가 있으면 모두 지우고, 처음 칸을 ×로 결론짓는다.

세로 힌트의 2와 1을 보며 표시하였더니 위의 그림과 같이 되었네요. 두 번째 가로 힌트를 보면 처음 2가 되어야 하는데 한 칸 다음에 ×가 나와 버렸습니다. 따라서 처음 칸은 ○가 아니었다는 결론이 나옵니다. 그러므로 처음 칸은 ×로 확정할 수 있습니다. 모두 지우고 첫 번째 칸에 ×를 써 넣습니다.

	2	1 1	1 1	1 2	2
2	×				
2 1					
1 1					
1 1					
2					

× 다음의 두 번째 칸을 다시 ○라고 가정하고 가로 힌트대로 열어 봅니다. 그리고 세로 힌트도 보며 열어 봅시다.

	2	1 1	1 1	1 2	2
2	×	○	○	×	×
2 1					
1 1					
1 1					
2					

➡

	2	1 1	1 1	1 2	2
2	×	○	○	×	×
2 1		×	×		
1 1					
1 1					
2					

다시 두 번째 가로 힌트를 보니 2 1인데 두 칸과 한 칸으로 ○를 넣을 공간이 없군요. 또 오류입니다. 따라서 두 번째 칸도 ×로 표시합니다.

	2	1 1	1 1	1 2	2
2	×	×			
2 1					
1 1					
1 1					
2					

같은 방법으로 세 번째 칸도 ○라고 가정하고 가로 힌트 →
세로 힌트 순서로 열어 보면 다음과 같이 됩니다.

	2	1 1	1 1	1 2	2
2	×	×	○	○	×
2 1			×	×	
1 1					
1 1					
2					

자, 이번에는 두 번째 가로 힌트에 오류가 없이 칸을 열 수
있었습니다.

•• 전략❸

오류가 없는 칸의 공통부분만 ○표시 한다.

그러면 네 번째 칸을 가정하였을 때는 어떨까요?

	2	1 1	1 1	1 2	2
2	✕	✕	✕	○	○
2 1				✕	○
1 1					
1 1					
2					

네 번째 칸을 ○로 가정하였을 때도, 오류 없이 가로 두 번째 힌트를 열 수 있습니다. 그래서 여기서 주의할 것은 오류가 나타난 경우는 ✕가 확실하지만, 오류가 없는 경우는 바로 ○라고 표시하지 않도록 주의해야 합니다. 왜냐하면 두 번째 줄에 오류가 없다고 해도 세 번째 줄이나 그 다음에 오류가 나타날 수 있기 때문이지요.

따라서 지금까지의 가정하기에는 앞의 두 칸이 확실히 ×라는 것을 찾은 셈이며, 가로 첫째 줄의 빈 세 칸 중 2의 공통부분은 가운데 한 칸이므로 다음처럼 됩니다.

	2	1 1	1 1	1 2	2
2	×	×		○	
2 1					
1 1					
1 1					
2					

•• 전략❹

가정하여 풀기로 몇 칸을 처음 열었으면 다음은 가로, 세로 힌트를 따라서 푼다.

확실한 칸만 표시하고 나서, 힌트를 따라 풀 수 있는 데까지 열어 나갑니다. 작은 숫자는 표시한 차례이며 순서는 사람마다 다를 수 있습니다. 여기서는 흐름을 보여 주려고 표시한 것이므로 자기가 찾는 대로 열어 보세요.

	2	1 1	1 1	1 2	2
2	✕	✕		◯₁	
2 1		◯₄		✕₂	◯₃
1 1		✕₅			
1 1			✕₇	◯₆	✕₈
2					✕₉

•• 전략❺

가장자리를 위주로 가정하여 풀기를 시도한다.

가정하여 풀기는 가장자리를 이용하여 여는 것이 좋습니다. 가장자리에 오류가 잘 나타나고 공통된 ◯를 찾았을 때 다음 힌트를 따라 열어 나가기 쉽기 때문입니다.

계속해서 로직을 풀어 봅시다. 이제 더 열리는 데가 없지요? 그렇다면 가장자리 중에 많이 비어 있는 왼쪽 아래부터 다시 가정하여 풀어 봅시다. 아래 첫 번째 칸을 O라고 가정하고 가로 힌트 → 세로 힌트 순서로 표시하며 오류가 있는지 확인합니다.

		2	1 1	1 1	1 2	2
2		X	X		O	
2 1		X₈	O	O₁₂	X	O
1 1		X₇	X	O₁₀	X₁₁	
1 1		O₅	X₆	X	O	X
2		O₁	O₂	X₃	X₄	X

이렇게 많이 열었는데 O₁₂에서 오류가 나왔습니다. 가로 힌트 2 1에는 맞지만, 세로 힌트 1 1에 맞지 않는군요. 따라서 맨 처음 칸은 ×입니다.

		2	1 1	1 1	1 2	2
2		X	X		O	
2 1			O		X	O
1 1			X			
1 1				X	O	X
2		X				X

두 번째 칸을 ○로 가정하여 봅시다.

	2	1 1	1 1	1 2	2
2	×	×	×₉	○	○₁₃
2 1	×₇	○	○₈	×	○
1 1	○₆	×	×₁₀	○₁₁	×₁₂
1 1	○₅	×₄	×	○	×
2	×	○₁	○₂	×₃	×

끝까지 오류 없이 해결되었습니다. 그러나 확정된 ○가 아닌 가정하여 ○표시한 것으로 끝까지 열린 경우가 되었지요? 이 연습 로직은 주제 없이 해 보았으나 로직은 보통 문제와 함께 주제를 제시하므로 나온 그림이 주제에 맞는지 확인해 보도록 합니다.

눈치 빠른 사람은 알 수 있겠지만 가정하여 풀기는 확실한 ×를 찾는 방법입니다.

그러면 문제에서 제시한 좀 더 큰 로직으로 가정하여 풀기를 시도해 봅시다. 이 문제는 가정하기를 사용하지 않아도 해결되는 문제지만, 어느 정도 큰 문제로 해 보면 가정하여 풀기가 찍기가 아닌 논리적으로 잘 맞는 방법이라는 것을 알 수 있습니다. 주로 첫 칸을 ○라고 가정하고 시작합니다.

•• 전략❶
처음을 ○라고 가정하고 가로 힌트 → 세로 힌트 순서로 표시한 후, 두 번째 가로 힌트에 오류가 있나 확인한다.

가로 힌트 3이 처음 세 칸에 해당된다고 가정하고 가로 힌트, 세로 힌트를 열어 봅니다.

	1 3	2 1 1 1	1 1 1 1 3	3 1 1	1	1 2	3 1	1 2 1	1	3 3
3	○₁	○₂	○₃	✕₄						
2 1 3	✕₅	○₆	✕₇							
1 1 1										
3 3 1										
1 1 1 1										
4										
4										
1 1										
1 1										
4										

→ 한 칸만 ○가 되어 오류

∴∴ 전략②
오류가 있으면 모두 지우고, 처음 칸을 ✕로 결론짓는다.

가로 두 번째 힌트를 보니 ○₆에서 모순이 되었습니다. 두 칸이 ○가 되어야 하는데 한 칸만 ○가 되었군요. 따라서 첫 번째 칸은 ✕입니다.

전략❸

오류가 없는 칸은 비워놓는다.

다시 같은 방법으로 다음 세 칸이 O라고 가정하고 가로 힌트 → 세로 힌트 순서로 열어 봅시다.

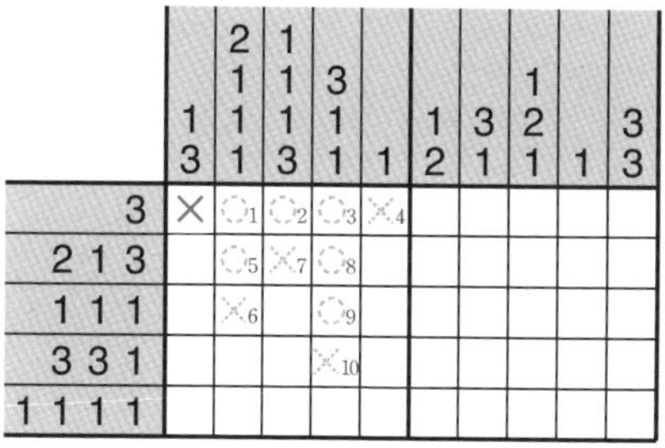

두 번째에는 오류가 없습니다. 여기도 작은 로직과 마찬가지로 O라고 확정해 버리지 말고 다음으로 넘어갑니다.

전략❹

한 줄을 끝까지 검사하여 오류가 있는 칸만 ×표시한다.

	1 3	2 1 1 1	1 1 1 3	3 1 1	1	1 2	3 1	1 2 1	1	3 3
3	✕		○₁	○₂	○₃	✕₄				
2 1 3			✕₅	○₆	✕₉					
1 1 1				○₇						
3 3 1				✕₈						
1 1 1 1										

세 번째 칸부터 ○로 가정했을 때, 오류가 없습니다.

	1 3	2 1 1 1	1 1 1 3	3 1 1	1	1 2	3 1	1 2 1	1	3 3
3	✕			○₁	○₂	○₃	✕₄			
2 1 3				○₅	✕₈	✕₉				
1 1 1				○₆						
3 3 1				✕₇						
1 1 1 1										

네 번째 칸부터 ○로 가정했을 때, 오류가 없습니다.

	1 3	2 1 1 1	1 1 1 3	3 1 1	1	1 2	3 1	1 2 1	1	3 3
3	✕				○₁	○₂	○₃	✕₄		
2 1 3					✕₅	✕₆	○₇			
1 1 1							○₈			
3 3 1							✕₉			
1 1 1 1										

→ 3 3 1을 넣을 수 없음

다섯 번째 칸부터 ○로 가정했을 때, ×₉의 양 옆에 3 3 1을 넣을 수 없으므로 오류가 있습니다.

		2	1					1		
		1	1	3			3	2		
	1	1	1	1		1	1	1		3
	3	1	3	1	1	2	1	1	1	3
3	×				×	○₁	○₂	○₃		
2 1 3						×₄	○₅	×₈		
1 1 1						○₆				
3 3 1						×₇				
1 1 1 1										

→ 2 1 3을 넣을 수 없음

여섯 번째 칸부터 ○로 가정했을 때, ○₅의 양 옆에 2 1 3에 맞게 넣을 수 없으므로 오류가 있습니다.

		2	1					1		
		1	1	3			3	2		
	1	1	1	1		1	1	1		3
	3	1	3	1	1	2	1	1	1	3
3	×			×	×	○₁	○₂	○₃	×₄	
2 1 3						○₅	×₈	×₉		
1 1 1						○₆				
3 3 1						×₇				
1 1 1 1										

→ 2 1 3을 넣을 수 없음

일곱 번째 칸부터 ○로 가정했을 때, ○₅의 양 옆에 가로 힌트 2 1 3에 맞게 넣을 수 없으므로 오류가 있습니다.

	1 3	2 1 1 3	1 1 1 3	3 1 1	1	1 2	3 1	1 2 1	1	3 3
3	×				×	×	×	○₁	○₂	○₃
2 1 3								×₄	×₅	○₆
1 1 1										○₇
3 3 1										×₈
1 1 1 1										

마지막을 ○로 가정하였을 때, ○₆에서 2 1 3의 세 칸이 안 되었으므로 오류가 있습니다.

	1 3	2 1 1 3	1 1 1 3	3 1 1	1	1 2	3 1	1 2 1	1	3 3
3	×				×	×	×	×		
2 1 3										
1 1 1										
3 3 1										
1 1 1 1										

이와 같이, 가정하여 찾기는 오류가 있으나 검사해서 확실한 ×를 열어 그것으로 ○를 찾아 나가는 방법이라고 할 수 있습

········· 천재들이 만든 수학퍼즐 · 28

니다. 이 문제에서는 마지막이 ×이므로 나머지 두 칸도 ×가 되겠지요? 그러면 두 번째 칸부터 세 칸이 ○라는 것을 찾은 셈입니다.

조금 귀찮은가요? 두 번째 가로 힌트에서 오류가 없다고 해서 계속해서 오류가 없으리라는 보장이 없으므로 ○표시는 신중해야 합니다. 로직을 만드는 사람이 가정하여 찾기를 할 필요가 없게 만든다면 이러한 방법을 사용할 필요는 없겠지요. 하지만, 컴퓨터를 이용한 로직 문제에서는 오른쪽 마우스를 이용하여 가정한 칸의 버튼을 표시할 수 있어서 익숙해지면 편리합니다.

크고 복잡한 로직은 숫자 힌트가 많아져서 일일이 다 더하여 꽉 찬 수를 찾기가 번거로우므로 가정하여 찾기를 이용하면 처음 부분을 시작하는 데에 많은 도움이 된답니다.

그럼 한 줄을 찾았으니 그것을 토대로 힌트를 따라 열어 봅시다. 작은 숫자는 O, ×를 열어나간 순서이며 같은 힌트나 동시에 표시하는 것은 같은 번호로 표시하였습니다. 물론 순서는 사람마다 다를 수 있겠지요.

	1 3	2 1 1 1	1 1 1 1 3	3 3 1 1	1	1 2	3 1	1 2 1	1	3 3
3	×	○	○	○	○	×	×	×	×	×
2 1 3	○3	○1	×2	○1	×4	○16	○17	○20	○20	×19
1 1 1	×4	○2	×4	○1	×4	○16	○17	○21	○21	○19
3 3 1	○5	○5	○5	×2	×14	○5	○5	○18	○18	○19
1 1 1 1	○6	×7	×7	○9	×14	○15	○15	○15	○15	○15
4	○6	○8	○8	○8	×8	○8	×8	×8	○8	×8
4	×6	○9	○9	○9	×14	○16	○22	○22	○22	○19
1 1	×6	×11	○10	×11	×14	○16	○23	○23	○23	○19
1 1	×6	×11	○10	×11	×14	○16	○24	○24	○24	○19
4	×6	○12	○10	○12	○13	×13	×13	×13	×13	×13

색칠을 해서 보면 더 잘 보입니다. 삐뚤삐뚤한 '로직'이라는 글씨가 보이는군요.

	1 3	2 1 1 1	1 1 1 1 3	3 3 1 1	1	1 2	3 1	1 2 1	1	3 3
3										
2 1 3										
1 1 1										
3 3 1										
1 1 1 1										
4										
4										
1 1										
1 1										
4										

가정하여 푸는 방법은 모든 칸 어디에나 적용하는 방법은 아닙니다. '가로 첫 번째 줄 가정 → 세로 첫 번째 줄 힌트 따라 열기 → 가로 두 번째 줄에서 오류 있나 보기'의 형태이기 때문에 처음 가정하기를 한 곳의 숫자 힌트가 큰 수이면 오류를 찾기에 도움이 됩니다.

그리고 물론 첫 번째 줄에서만 써야 하는 것도 아니고, 항상 가로 힌트만 먼저 가정해야 하는 것도 아닙니다. 어느 정도 풀어 나가다가 막혔을 때 사용할 수도 있으며, 세로 힌트를 먼저 보며 시작할 수도 있습니다. 일반적인 문제에서도 의도적으로 몇 번 연습해 보면 이런 부분에서 사용하면 좋겠다는 생각이 들 것입니다.

가정하고 오류를 찾아내는 것은 대충 찍는 과정이 아니므로 그 과정을 이해하는 것은 논리적으로 생각하는 연습을 하는 데에 도움이 될 것입니다.

알아둡시다

1. 한 칸을 O로 가정하고 가로 힌트 → 세로 힌트 순서로 표시한 후, 두 번째 가로 힌트에 오류가 있나 확인합니다.

2. 오류가 있으면 모두 지우고 처음 칸을 ×로 결론짓습니다.

3. 오류가 없는 칸의 공통부분만 O를 표시합니다.

4. 가정하여 풀기로 몇 칸을 처음 열었으면 다음은 기본적인 방법으로 해결해 갑니다.

여러 가지 색으로 표현된 컬러 로직을 풀 수 있습니다.
같은 색깔 사이에는 빈칸이 있지만
다른 색깔 사이에는 빈칸이 없을 수도 있습니다.

컬러 로직 도전하기

7교시 학습 목표

1. 흑백 로직과 다른 컬러 로직의 규칙을 알 수 있습니다.
2. 여러 가지 색으로 표현된 로직을 해결하여 무슨 그림인지 찾을 수 있습니다.

미리 알면 좋아요

1. 컬러 로직은 만드는 사람의 마음대로 색을 정할 수 있으나, 대체로 3~6가지 정도의 색을 사용합니다.
2. 서로 다른 색은 숫자 힌트 사이에 빈칸이 없을 수도 있습니다.

문제

① 컬러 로직은 같은 색은 나란히 있는 숫자 사이에 한 칸 이상 떨어져 있어야 하지만, 서로 다른 색은 붙여서 칠할 수 있습니다. 다음 컬러 로직의 힌트를 보고 색을 칠해 완성하여 보시오.

지윤이는 로직을 좋아하지만 불만이 있습니다.

"이모! 로직은 왜 한 가지 색뿐이에요? 그림에는 여러 가지 예쁜 색깔이 많이 있잖아요? 그림이 완성되는 것을 보면 기분이 좋은데 색을 칠할 때 한 가지 밖에 안 쓰니까 심심해요."

"그래? 지윤이가 좋은 생각을 했구나! 그런데 여러 가지 색깔이 들어간 로직도 벌써 많은 사람이 만들어 풀고 있단다. 보통 컬러 로직이라고 부르지. 하지만, 이모는 개인적으로 한 가지 색 로직이 더 좋구나. 그림이 왠지 그림자처럼 보이기도 하고, 어떤 때는 그 속에 감춰진 장면까지 연상이 되는 것 같아. 무엇보다 풀이 과정이 더 재미있게 생각돼. 숫자의 의미가 더 강하니까 숫자와 나와 한판 대결을 벌이는 것 같다고나 할까. 하하하!"

"치이~ 이모는 숫자와 대결하시고요, 나는 컬러 로직 가르쳐주세요."

"그래, 컬러 로직은 어떤 방법으로 푸는지 알아볼까?"

컬러 로직은 말 그대로 색깔이 들어간 로직입니다. 몇 가지 색이 들어가느냐는 물론 만드는 사람 마음이지요. 여러 가지 색깔이 들어가는 대신에 기본 로직과 조금 다른 규칙을 가지고 있습니다.

컬러 로직의 기본 규칙을 알아봅시다.

규칙 ❶ 컬러 로직은 숫자에 컬러가 표시되어 있고, 그에 맞는 색깔을 넣어야 합니다.

규칙 ❷ 기본 로직은 숫자와 숫자 사이는 무조건 한 칸 이상 떨어져야 하지만 컬러 로직은 색깔이 다를 경우에는 붙어 있을 수 있습니다. 예를 들어 **5** **1**과 같이 표현되어 있다면 녹색 다섯 칸, 회색 한 칸을 넣으라는 뜻이고, 녹색과 회색 사이가 붙어 있을 수도 있고, 떨어져 있을 수도 있습니다. 하지만 **1** **1**과 같이 같은 색이 나란히 있다면 기본 로직처럼 한 칸 이상 떨어져 있다는 뜻입니다.

다음의 간단한 컬러 로직으로 연습해 봅시다.

		1 1 1			
	3	2	3 1	1	4
3					
1 1 1 2					
3 1					
1 1					
4					

여기에는 두 가지 색만 쓰인 것을 볼 수 있습니다. 기본 전략은 한 가지 색 로직과 비슷합니다.

1 + 1 + 1 + 2 =5와 같이 사이에 빈칸을 생각해 주지 않아도 됩니다. 색칠을 바로 해도 되지만, ○, × 표시 했던 것과 같이 먼저 색깔 이름을 넣어 보도록 합시다. 갈색brown은 b, 노란색yellow은 y를 넣어볼까요?

		1 1 1 3	1 2	3 1	1 1	4
3		b				
1 1 1 2	b	y	b	y	y	
3 1		b				
1 1		y				
4		y				

예를 들어 아래의 ☆표시 한 곳은 가로 힌트는 **1** 이고, 세로 힌트는 **3**으로 가로 힌트는 노란색만 있고, 세로 힌트는 갈색만 있다는 뜻이어서 공통으로 같은 색이 들어가지 않기 때문에 ×입니다. 이런 곳을 표시해 봅시다.

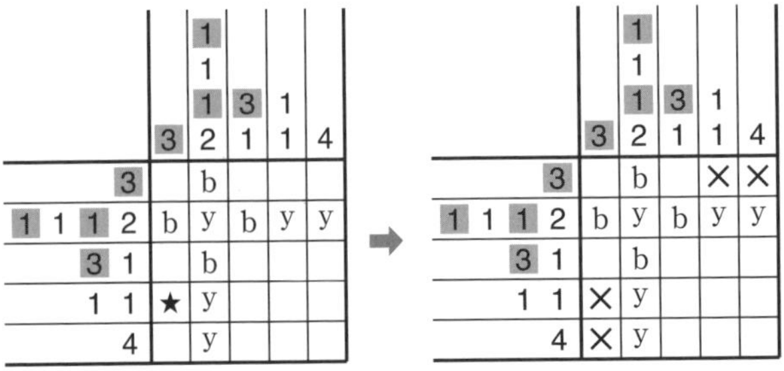

왼쪽 그림:

		1			
		1			
		1	3	1	
	3	2	1	1	4
3	b				
1 1 1 2	b	y	b	y	y
3 1	b				
1 1	★	y			
4		y			

→

		1			
		1			
		1	3	1	
	3	2	1	1	4
3	b		×	×	
1 1 1 2	b	y	b	y	y
3 1	b				
1 1	×	y			
4	×	y			

그럼 나머지 숫자를 열어 나가기가 한결 쉬워졌습니다. 나머지는 기본 로직에서 익힌 대로 열어 나가 보세요. 그리고 완성되었으면 색칠도 해 봅시다.

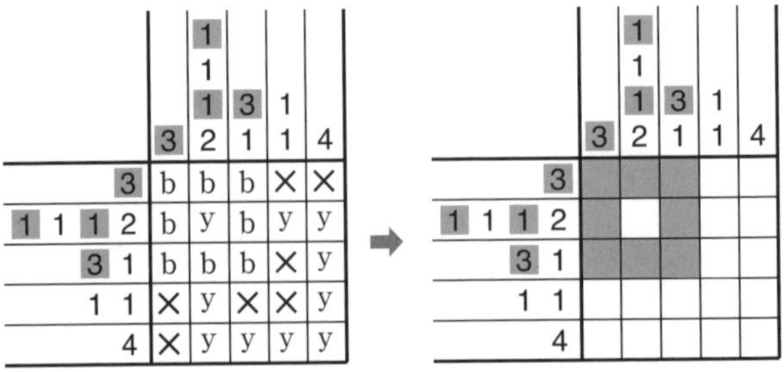

		1			
		1			
		1	3	1	
	3	2	1	1	4
3	b	b	b	×	×
1 1 1 2	b	y	b	y	y
3 1	b	b	b	×	y
1 1	×	y	×	×	y
4	×	y	y	y	y

→

		1			
		1			
		1	3	1	
	3	2	1	1	4
3		■	■		
1 1 1 2		■	□	■	
3 1		■	■	■	
1 1					
4					

간단한 컬러 로직으로 연습해 보았으니, 문제에 나온 로직으로 한 단계 올려서 시도해 봅시다.

간단한 컬러 로직으로 연습해 보았으니, 문제에 나온 로직으로 한 단계 올려서 시도해 봅시다.

전략❶

큰 수나 꽉 찬 수를 위주로 공략한다.

이 문제는 5가지 색깔을 사용하였군요. 시작하기 좋게 10이 있습니다. 검은색black의 b로 표시하여 봅시다.

	C1	C2	C3	C4	C5	C6	C7	C8	C9	C10	
			1		1				1		
			1		1				1		
			1		1		1		1		
	1	3	1	3	1		1	3	1		
	1	4	1	4	1	3	1	4	1	10	
1											b
7 1											b
1 1 1 1 1 1 3											b
7 1											b
1											b
3											b
5 1 1 1											b
1 1 1 1 1											b
1 1 3											b
5 1											b

⠂⠄ 전략❷

다른 색 힌트가 다음에 나올 때는 ×표시를 할 수 없다.

10이 가장자리 힌트이므로 가로 힌트를 보며 오른쪽을 열어 봅시다. 이때 주의할 것은 첫 번째 힌트 **1**과 같이 다른 색 힌트가 없을 때는 다음 칸이 ×가 확실하지만, **5 1** 1 **1**과 같이 **1** 옆에 다른 색 힌트가 나오면 사이에 빈칸이 있는지 없는지 확실치 않으므로 ×표시를 하면 안 된다는 것입니다.

			1		1				1	
			1		1				1	
			1		1		1		1	
	1	3	1	3	1		1	3	1	
	1	4	1	4	1	3	1	4	1	10
1	×	×	×	×	×	×	×	×	×	b
7 1									×	b
1 1 1 1 1 3								b	b	b
7 1									×	b
1	×	×	×	×	×	×	×	×	×	b
3	×	×	×	×	×	×	×	b	b	b
5 1 1 1										b
1 1 1 1 1										b
1 1 3										b
5 1										b

• 전략❸

같은 색이 없이 가로, 세로 힌트가 만나는 곳은 ×이다.

같은 색이 공통으로 들어가지 않는 힌트가 만나는 곳에 ×
표시를 해 봅시다.

	C1	C2	C3	C4	C5	C6	C7	C8	C9	C10
			1		1				1	
			1		1				1	
			1		1		1		1	
	1	3	1	3	1	1	1	3	1	
	1	4	1	4	1	3	1	4	1	10
1	×	×	×	×	×	×	×	×	×	b
7 1	×								×	b
1 1 1 1 1 1 3	×							b	b	b
7 1	×								×	b
1	×	×	×	×	×	×	×	×	×	b
3	×	×	×	×	×	×	×	b	b	b
5 1 1 1										b
1 1 1 1 1										b
1 1 3										b
5 1										b

•• 전략④

꽉 찬 수를 찾을 때는 빈칸 없이 더한다.

1 1 1 1 1 1 3 에서 3은 찾았으므로 나머지 1 + 1 + 1 + 1 + 1 + 1 =6으로 더해 보니 남은 6칸에 딱 맞습니다. 다른 색깔들로 이루어진 힌트이므로 빈칸 없이 더해야 합니다. 빨간색red은 r, 노란색yellow은 y, 녹색green은 g로 표시해 봅시다.

			1		1				1	
			1		1				1	
			1		1		1		1	
	1	3	1	3	1		1	3	1	
	1	4	1	4	1	3	1	4	1	10
1	×	×	×	×	×	×	×	×	×	b
7 1	×								×	b
1 1 1 1 1 1 3	×	b	r	b	y	b	g	b	b	b
7 1	×								×	b
1	×	×	×	×	×	×	×	×	×	b
3	×	×	×	×	×	×	×	b	b	b
5 1 1 1										b
1 1 1 1 1										b
1 1 3										b
5 1										b

이제 나머지 색깔인 보라색purple은 p로 표시하며 열어 보세요. 다른 색이 나란히 있다면 사이를 띄지 않아도 된다는 것만 조심하면 모두 해결할 수 있을 것입니다.

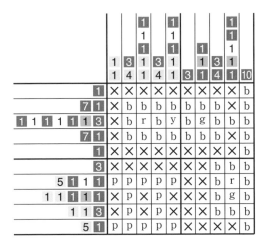

			1		1				1	
			1		1				1	
			1		1		1		1	
	1	3	1	3	1		1	3	1	
	1	4	1	4	1	3	1	4	1	10
1	×	×	×	×	×	×	×	×	×	b
7 1	×	b	b	b	b	b	b	b	×	b
1 1 1 1 1 1 3	×	b	r	b	y	b	g	b	b	b
7 1	×	b	b	b	b	b	b	b	×	b
1	×	×	×	×	×	×	×	×	×	b
3	×	×	×	×	×	×	×	b	b	b
5 1 1 1	p	p	p	p	p	×	×	b	r	b
1 1 1 1 1	×	p	×	p	×	×	×	b	g	b
1 1 3	×	p	×	p	×	×	×	b	b	b
5 1	p	p	p	p	p	×	×	×	×	b

이제 색칠해 볼까요? 귀여운 신호등이 나왔군요.

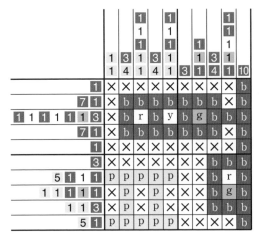

			1		1				1	
			1		1				1	
			1		1		1		1	
	1	3	1	3	1		1	3	1	
	1	4	1	4	1	3	1	4	1	10
1	×	×	×	×	×	×	×	×	×	b
7 1	×	b	b	b	b	b	b	b	×	b
1 1 1 1 1 1 3	×	b	r	b	y	b	g	b	b	b
7 1	×	b	b	b	b	b	b	b	×	b
1	×	×	×	×	×	×	×	×	×	b
3	×	×	×	×	×	×	×	b	b	b
5 1 1 1	p	p	p	p	p	×	×	b	r	b
1 1 1 1 1	×	p	×	p	×	×	×	b	g	b
1 1 3	×	p	×	p	×	×	×	b	b	b
5 1	p	p	p	p	p	×	×	×	×	b

알아둡시다

1. 꽉 찬 수를 찾을 때는 빈칸 한 칸을 생각하지 않고 더합니다.

2. 가로, 세로 힌트가 만나는 곳에 같은 색깔이 없을 때는 무조건 ×로 표시할 수 있습니다.

3. 한 줄에 숫자 힌트가 여러 개일 때, 같은 색깔 사이는 최소 빈칸이 한 칸 있지만, 다른 색깔 사이에는 빈칸이 없을 수도 있습니다.

그림 모양을 먼저 생각하고
직접 로직 문제를 만들 수 있습니다.

나만의
로직 만들기

8교시 학습 목표

1. 그림 모양을 먼저 생각하고 로직 문제를 만들 수 있습니다.
2. 내가 만든 로직 문제가 해결되는지 점검하고, 풀리지 않는 부분을 보충하여 해결되는 문제로 고칠 수 있습니다.

미리 알면 좋아요

1. 로직 문제를 만들 때는 그림을 먼저 구상해야 합니다.
2. 인터넷의 로직 도구를 이용하면 문제가 해결되는지 편리하게 확인할 수 있습니다.

8교시

문제

① 다음의 네잎클로버 그림을 보고 로직을 만들어 보시오.

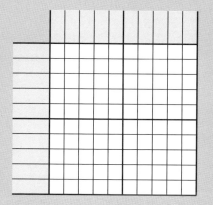

재하는 로직을 푸느라 한창입니다.

"재하야, 로직 주제가 뭐니?"

"아, 이모, 토끼예요. 이 로직은 잘 안 풀려요. 도대체 어떤 토끼가 나올지 궁금해요."

"그래? 로직 천재인 재하가 어렵다니 정말 어지간히 어려운 문제인가 보다."

"끙…… 와! 다 풀었어요. 애걔! 그런데 이게 무슨 토끼야. 말도 안 돼."

"어디 보자. 흐음, 이모가 보기에는 괜찮은 것 같은데 좀 멀리 떨어져서 봐 보렴. 토끼가 사람처럼 앉아 있는 모습이 앙증맞지 않니?"

"색칠을 하고 보니 좀 낫네요. 그래도 내가 만들면 이것보다는 잘 만들겠다."

"그래? 그럼 말만 하지 말고 직접 만들어 보는 게 어때?"

"네에? 제가 직접이요?"

로직은 특별한 어떤 사람만 만드는 것은 아닙니다. 문제를 이것저것 풀다보면 '여기는 색칠하지 말고 이쪽을 색칠하면 더 좋을 텐데……', 혹은, '나라면 같은 주제라도 다른 모양으로 만들겠다' 하고 생각될 때가 있을 거예요.

나도 로직을 만들어서 친구들에게 풀어 보라고 하거나 로직 사이트에 올려 볼 수도 있습니다. 로직 문제를 만들려면 문제 푸는 것과 반대로 하면 됩니다.

로직 문제를 풀기 전에 기초로 연습했던 숫자 퍼즐로 먼저 시작해 봅시다.

몇 칸으로 할지 먼저 정하고 안에 들어갈 과자를 배치합니다. 간단하게 가로, 세로 네 줄의 칸에다 과자를 넣어 봅시다.

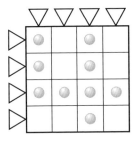

과자를 넣었으면 다음은 과자 개수를 세어 힌트난에 숫자를 써 넣습니다.

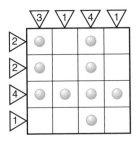

이제 과자를 지우고 문제가 풀리는지 한번 해 보세요.

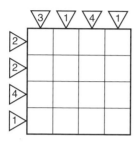

과자 퍼즐 푸는 전략 모두 기억하지요? 먼저 힌트 4가 있는 줄에 모두 O를 하면서 시작하면 되겠죠?

자, 다음과 같이 잘 풀리는군요.

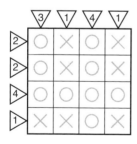

문제를 동생에게 주고 풀어 보라고 해 보세요. 너무 쉽다고

무시하나요? 그럼, 로직 문제로 넘어가 봅시다.

칸을 간단하게 그린 후, 색칠할 부분을 먼저 정해 보세요.

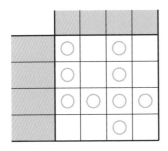

다음으로, 숫자를 넣을 때는 ○와 ○ 사이가 비어 있으면 따로 수를 씁니다.

	3	1	4	1
1 1	○		○	
1 1	○		○	
4	○	○	○	○
1			○	

○를 지우고 문제가 풀리나 확인합니다.

	3	1	4	1
1 1				
1 1				
4				
1				

다음과 같이 잘 풀리는군요.

	3	1	4	1
1 1	○	×	○	×
1 1	○	×	○	×
4	○	○	○	○
1	×	×	○	×

문제를 만드는 과정은 간단하죠? 앞에 나온 문제를 해결해
봅시다.

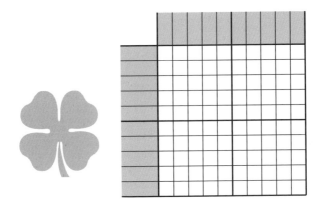

(1) 그림 주제를 선택합니다.

문제에서는 그림을 하나 제시하였습니다. 네잎 클로버 모양이군요. ○를 이용하여 로직 틀 안에 네잎 클로버 모양을 단순화하여 넣어 봅시다. ○가 넣어진 부분에 색칠을 해서 완성된 모양도 확인해 봅니다.

어떤 그림을 선택하고 나서 격자 네모 판에 그대로 넣을 수도 있지만 모자이크 처리된 화면처럼 표현되므로 생략할 것은 생략해야 합니다. 또 로직 틀은 네모 모양이므로 둥근 선의 표현은 어렵다는 것을 생각해서 포스터 구성하는 것처럼 단순하게 만들어야 하지요. 물론 정교한 그림을 얻고 싶다면 로직 크기를 키우면 됩니다.

자, 저는 네 잎만 강조하여 이렇게 넣어 보았습니다.

					○	○	○		
	○	○	○		○	○	○	○	
○	○	○	○		○	○	○	○	
○	○	○	○		○	○	○	○	
○	○	○	○	○	○				
				○	○	○	○	○	○
	○	○	○	○		○	○	○	○
	○	○	○	○		○	○	○	○
	○	○	○	○		○	○	○	
		○	○	○					

(2) 띄어 있는 칸에 주의하며 가로, 세로 숫자 힌트를 넣습니다.

	3	4 3	4 4	4 4	6	6	4 4	4 4	3 4	3
3						○	○	○		
3 4		○	○	○		○	○	○	○	
4 4	○	○	○	○		○	○	○	○	
4 4	○	○	○	○		○	○	○	○	
6	○	○	○	○	○	○				
6					○	○	○	○	○	○
4 4		○	○	○	○		○	○	○	○
4 4		○	○	○	○		○	○	○	○
4 3		○	○	○	○		○	○	○	
3			○	○	○					

(3) 그림을 지우고 직접 풀어 보아 로직이 풀리는지 확인합니다.

어디를 먼저 할까요? 그나마 제일 큰 수는 6이므로 양쪽에 네 칸씩 남기고 넣습니다.

그리고 다 더해서 10에 제일 가까운 4 4 힌트가 여러 개 있군요. 빈칸까지 총 아홉 칸이 필요하므로 양쪽에 한 칸씩만 남기고 세 칸을 확정할 수 있습니다. 가로, 세로 힌트를 모두 순서대로 보면서 ○를 넣으면 다음과 같습니다.

왼쪽 그림

	3	4 3	4 4	4 4	6	6	4 4	4 4	3 4	3
3										
3 4										
4 4										
4 4										
6					○	○				
6					○	○				
4 4										
4 4										
4 3										
3										

→

오른쪽 그림

	3	4 3	4 4	4 4	6	6	4 4	4 4	3 4	3
3										
3 4		○	○	○			○	○	○	
4 4		○	○	○			○	○	○	
4 4		○	○	○			○	○	○	
6					○	○				
6					○	○				
4 4		○	○	○			○	○	○	
4 4		○	○	○			○	○	○	
4 3		○	○	○			○	○	○	
3										

다음은 확정된 3 근처에 ×표를 넣고 나면, ×표 옆에 남은 한 칸은 3이나 6을 넣을 수 없으므로 다시 다음과 같이 ×표를 넣을 수 있습니다.

		4	4	4			4	4	3	
	3	3	4	4	6	6	4	4	4	3
3									×	
3 4	×	○	○	○	○	×		○	○	○
4 4		○	○	○				○	○	○
4 4		○	○	○				○	○	○
6					○	○			×	
6	×					○	○			
4 4		○	○	○				○	○	○
4 4		○	○	○				○	○	○
4 3		○	○	○		×	○	○	○	×
3		×								

		4	4	4			4	4	3	
	3	3	4	4	6	6	4	4	4	3
3	×								×	×
3 4	×	○	○	○				○	○	○
4 4		○	○	○				○	○	○
4 4		○	○	○				○	○	○
6					○	○			×	×
6	×	×				○	○			
4 4		○	○	○				○	○	○
4 4		○	○	○				○	○	○
4 3		○	○	○		×	○	○	○	×
3	×	×				×				×

힌트 6을 보며 확실한 가운데 부분에 ○표시를 하면, 확정된 4가 많이 보이고, 확정된 4 양 옆의 확실히 아닌 곳에 ×표를 하고 나면 마무리를 할 수 있을 거예요.

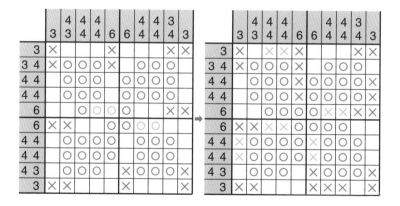

모두 풀 수 있네요. 다 풀고 색칠해 보니 예쁜 클로버 그림이 나왔어요.

		3	4 3	4 4	4 4	6	6	4 4	4 4	3 4	3
3		×	×	×	×	×	○	○	○	×	×
3	4	×	○	○	○	×	○	○	○	○	×
4	4	○	○	○	○	×	○	○	○	○	×
4	4	○	○	○	○	×	○	○	○	○	×
6		○	○	○	○	○	○	×	×	×	×
6		×	×	×	×	○	○	○	○	○	○
4	4	×	○	○	○	○	×	○	○	○	○
4	4	×	○	○	○	○	×	○	○	○	○
4	3	×	○	○	○	○	×	×	○	○	×
3		×	×	○	○	○	×	×	×	×	×

(4) 풀리지 않는 문제는 힌트가 부족한 부분을 보충하여 문제를 고치거나, 가정하여 푸는 방법으로 풀도록 단서를 달아 줍니다.

이 문제는 잘 풀렸지만, 여러분이 만든 로직이 잘 풀리지 않는다면 힌트가 부족한 부분을 고치거나 그림을 수정해 줍니다. 또한 가정하여 푸는 방법으로 풀 수 있도록 단서를 달아줄 수도 있습니다.

인터넷에 로직 동호회에 가입해서 로직 제작도구의 도움을 받을 수도 있습니다. 그림을 넣으면 숫자 힌트를 자동으로 넣어 주고 풀리는지 확인할 수도 있지요.

(5) 그림을 지우고 문제를 완성합니다.

친구들에게 풀어 보라고 해 보세요. 인터넷 동호회에 가입했다면 직접 만든 문제를 올려 보는 것도 다른 사람의 반응을 살펴볼 수 있는 좋은 방법이겠지요?

물론, 만든 문제는 사람마다 제각기 다르겠지요. 같은 주제를 놓고 했으면 비슷하게 나오기도 할 것입니다. 문제를 풀고 나서 보면 와! 하고 탄성을 지르게 하는 그림이 나올 때도 있고, 무슨 그림인지 눈에 보이지 않을 때도 있습니다. 내 맘에 들지 않을 때는 '나라면 이렇게 만들어 볼 텐데' 하고 다른 아이디어를 생각해내는 건설적인 여러분이 되면 더욱 좋겠어요. 만드는 사람의 아이디어가 가장 중요한 역할을 하겠지요?

　　여러분도 로직을 풀면서 느끼는 긴박감과 다 풀었을 때의
성취감 그리고 내 문제를 푼 사람들이 와! 할 때의 기쁨을 같이
느껴보길 바랍니다.

알아둡시다

1. 간단한 그림을 정하고 사각형 블록으로 색칠하여 그림 모양이 나오는 지 확인해야 합니다. 곡선이 많은 그림은 사각형 블록으로 만들기 어 렵습니다.

2. 색칠한 칸의 수를 가로, 세로 힌트 자리에 숫자로 집어넣고 그림을 지 웁니다.

3. 숫자 힌트를 보며 로직을 풀어서 해결이 되는지 확인합니다.

4. 색칠할 부분을 추가하여 해결되면 문제를 완성합니다.